U0258548

数据安全实操指南

不可不知的个人隐私侵犯陷阱

［新加坡］凯文·谢泼德森（Kevin Shepherdson）
［新加坡］威廉·丘（William Hioe）
［澳］琳恩·博克索尔（Lyn Boxall）◎著

任颂华◎译

88 PRIVACY BREACHES TO BEWARE OF

Practical Data Protection Tips from Real-Life Experiences

中信出版集团 | 北京

图书在版编目（CIP）数据

数据安全实操指南：不可不知的个人隐私侵犯陷阱 /（新加坡）凯文·谢泼德森等著；任颂华译 . -- 北京：中信出版社，2021.1

书名原文：88 PRIVACY BREACHES TO BEWARE OF: Practical Data Protection Tips from Real-Life Experiences

ISBN 978-7-5217-2193-5

Ⅰ. ①数… Ⅱ. ①凯… ②任… Ⅲ. ①数据处理－安全技术－指南 Ⅳ. ① TP274-62

中国版本图书馆 CIP 数据核字（2020）第 167175 号

数据安全实操指南——不可不知的个人隐私侵犯陷阱

著　　者：［新加坡］凯文·谢泼德森　［新加坡］威廉·丘　［澳］琳恩·博克索尔
译　　者：任颂华
出版发行：中信出版集团股份有限公司
（北京市朝阳区惠新东街甲 4 号富盛大厦 2 座　邮编　100029）
承 印 者：北京楠萍印刷有限公司

开　　本：880mm × 1230mm　1/32　　印　　张：9　　字　　数：120 千字
版　　次：2021 年 1 月第 1 版　　印　　次：2021 年 1 月第 1 次印刷
京权图字：01–2019–4434
书　　号：ISBN 978–7–5217–2193–5
定　　价：49.00 元

服务热线：400–600–8099
投稿邮箱：author@citicpub.com

目前全球已有约 90 个国家和地区制定了个人信息保护法，而中国的《中华人民共和国数据安全法（草案）》已于 2020 年 7 月公开征求大众的意见。所有的公司和个人都将或早或晚地面对数据保护法，并把遵守数据保护法当作日常生活和工作的一部分。

目录

第二篇　个人数据的收集

第三篇　个人数据的使用

第四篇　个人数据的准确性和完整性

第五篇　个人数据的物理安全和环境安全

第六篇　个人数据的存储、保留以及清理

第七篇　个人数据的披露

引　言

杜世杰博士

1980 年，经济合作与发展组织（OECD）制定了关于数据保护的八项原则。1984 年，英国颁布了世界上第一部关于数据保护的法律。1985 年，我在伦敦开始攻读网络法学博士学位。你可以想象得到，学习和研究这一全新的法律范畴是一件多么令人兴奋的事情。1991 年，我获得了博士学位。也就是在那一年，英国上诉法院在戈登·凯诉罗伯逊一案中裁定，在英美普通法中人们不享有隐私权[①]。

1995 年，欧盟颁布了数据保护条例，促使英国在 1998 年通过了数据保护法案，改革了法律体系。我记得当时东南亚地区对这一话题也很兴奋，马来西亚和新加坡互相较劲，都想成

① 本案涉及演员戈登·凯（Gorden Kaye，1941—2017 年）。1990 年 1 月 25 日，凯在一场车祸中遭遇重创，他在医院休养的照片被《星期日体育》的记者拍到。凯起诉了这家报纸，希望法院禁止报社公开发表这些照片，但是最终败诉。——译者注

为第一个颁布数据保护法的东南亚国家。我在国会工作的同事陈德镛教授甚至已经为新加坡起草了一份数据保护法的草案。你也许会问，新加坡几乎一直在立法领域处于领先地位，但为什么花了 32 年才引入数据保护法?

答案很简单：领先别人并不等于领导别人。新加坡那么小，不可能领导世界范围内的法律实践。我们所进行的大部分法律改革都是以美国、英国以及联合国国际贸易法委员会颁布的法律和法规为基础的。当时数据保护法领域并没有一个明确的领导者。所以新加坡政府决定，等世界范围内的形势更明朗一些以后再通过自己国家的数据保护法。

1995 年，加拿大标准协会起草了数据隐私自我监管制度。这一制度的效果显著，因此加拿大联邦政府将其纳入了 2000 年颁布的《个人信息保护及电子文件法》(PIPEDA)。该法案立即得到了欧盟的认可，等效于欧盟法律。在私人企业的推动下，新加坡政府起草了一份数据保护示范条例，被新加坡的商业机构采纳，作为一种自我监管的制度。

那时政府的想法是学习加拿大，采用私人机构自我监管的模式，这样既对企业友好，又很稳健。更重要的是，加拿大模式已经得到了欧盟的接受和认可。我们不想让新加坡的法律系统与国际上的最佳实践脱轨，而且我们也不想让新加坡的保护机制被欧盟这个重要的贸易伙伴否定。多年来，我一直就职于国家信用委员会，推行数据保护示范条例以及相关的电子商务原则。通过学习发达国家的各种数据保护框架，新加坡最终在2012年通过了自己国家的《个人数据保护法》(PDPA)。

政府和商界都意识到，保护隐私的实践通常和法律的规定不是一回事。作为一名国际律师，我在不同国家研究并实践隐私和数据保护法已有30年了。我常对客户说，法律通常只是为了守住最后一道底线。换句话说，组织需要审视很多事情，确保他们没有违犯法律，包括他们的组织架构、实践活动、培训课程和人力资源政策等。

在新加坡颁布个人数据保护法很多年之前，我总是迫切地敦促客户清理他们的个人记录，不要让数据泄露损害他们的利益或名声。这是因为我们这个世界对隐私的担忧越来越显著，对加强隐私保护的要求也越来越高。因此哪怕没有法律上的惩罚，数据泄露也可能成为商业杀手。在有相关法律的地方，如果公司被起诉，那么该公司所有的数据管理和保护系统都会被仔细审查。公司在法庭上的赢输，最终取决于其数据管理政策和措施。

我们终于有一本着重讨论数据保护实践而不是法律的书了。我们真是等太久了。我很高兴这本书的作者们愿意分享他们在IT（信息技术）领域的实践以及在信息管理领域的广博经验。对这一综合性高、实践性强的成果，我表示衷心认可。我希望它不仅能成为新加坡，也能成为整个亚洲数据保护实践的“圣经”！

杜世杰博士，数据保护、知识产权、信息技术以及电子商务法律方面的资深律师，曾任新加坡国会议员、新加坡消费者协会主席。

前　言

两个好友一同走进当地一家旅行社，想为各自的家庭预订一次游轮度假。他们对需要刷各自的身份证才能获得排队号码感到很困惑。就在排队等候时，他们清晰地听到一位客户服务人员在为一位客户订票时，大声核对该客户的个人信息。这两个人非常肯定，等候区里的所有人都能听到这位客服说了什么。轮到他们的时候，他们坐到了客服的对面。客服用标准的程序化语言向他们致以问候。

这两人问，为什么排队取号时要刷他们的身份证。客服的回答是，这是公司的标准流程，只是为了做个记录。更让他们震惊的是，他们看到这位客服的桌面上随意堆放着前面几位客户的个人信息、信用卡凭条和支票。接下来，客服问他们对哪个游轮项目感兴趣。两人都不太清楚这家旅行社的产品，所以他们就请客服推荐一些比较受欢迎的项目。

这位客服就将她的电脑屏幕转了过来，向他俩展示该公司最受欢迎的一些游轮项目以及预订了这些项目的客户记录。你能想象这两位有多震惊吗！两人都是隐私保护专家，他们互相低语道："这家旅行社没有采取恰当的措施来处理并保护客户的个人数据。把我们的个人数据交给他们实在让人不放心，我们还是去找一家更有隐私保护意识的旅行社吧。"

这是一个真实发生过的场景。在不少国家，组织和个人对正确处理及保护个人数据的意识十分淡薄。即使在一些数据保护法或者隐私法已经生效多年的国家，仍然会出现大量数据被泄露的现象。

不论何种情形，这些泄露个人信息的组织将会被监管机构调查，遭受经济和名誉方面的损失。如果这些组织财力不足，或者忠实客户不多，那么这种损失将会极具破坏性。因此各组织应该意识到，不管规模有多大，也不管处于哪个行业，如果没有采用恰当的数据保护措施，他们将会很容易泄露个人隐私。面对严格的监管举措和动辄数百万美元的罚款，如今全球范围内的众多组织不得不加强他们的数据保护措施。

各国政府正在不断审查并修订其数据保护法，以应对新兴技术带来的挑战。例如，出于对当今数字化革命的担忧，欧盟引入了《通用数据保护条例》（GDPR），这是所有欧盟成员国中唯一统一的数据保护法规。

在东盟，所有成员国都已经承诺在各自国家颁布并实行数据保护法规，这是建立东盟经济共同体的基础之一。而建立东盟经济共同体就是为了整合该区域内不同的经济实体，形成一个统一的市场，让商品、服务、投资、熟练劳动力和资本能够自由流通。

简而言之，几乎每个在欧盟和东盟开展业务的组织都或早或晚地要面对数据保护法。各董事会、高管以及员工也是如此，他们必须要把处理个人数据当作他们日常工作的一部分。

在数据保护方面，我们需要从考虑“什么是数据保护”转向考虑“如何进行数据保护”。不幸的是，现在市场上很少有书籍讨论如何保护数据和隐私，并揭示组织存在的漏洞。

数据保护和隐私不该是个神秘的东西，特别是对那些在一线工作的员工而言。它们不应该是只有律师才理解的东西，而必须成为组织中所有员工都拥有的知识。

数据保护[①]和隐私[②]

数据保护和隐私具有不同的意识形态根源，但是其要求或者原则有很多相同之处，虽然这些要求和原则可能会以不同的语言或术语来表述。

人们通常会问：“数据保护和隐私到底有什么不同？”

在美国，“隐私”一词一般用于政策、法律以及规定。而在

① data protection。

② privacy。

欧盟以及其他很多国家，“数据保护”一词通常表示与隐私相关的法律和规定。因此，“隐私法律”和“数据保护法律”的定义没有区别，“隐私声明”和“数据保护声明”的定义也没有区别。从隐私专家的角度来看，它们是同义词。

“数据保护”可能用来表示“信息安全”。如果出现数据泄露——比如媒体报道说，某家公司的支付卡信息被盗或者其他客户信息被盗——那就意味着数据保护的失败。这些数据可能是个人数据，也可能是一些组织的机密信息，比如知识产权。

通俗地说，当一个人侵入一个电脑系统并偷取其中的数据时，数据泄露就发生了。这是众所周知的，报纸上也充斥着关于这种黑客的报道。但如果数据以其他某种方式被泄露或曝光，也属于数据泄露。最经典的例子包括一个人将一份文件落在了公共交通工具上或者咖啡厅里，一名员工将数据分享给同事，然而后者并没有接触这些数据的权限，或者人们在公共场合高声说话被别人听到。

至于隐私，它被宽泛地描述为不受干扰的权利或者不受侵犯的自由。数据隐私或者说信息隐私，是指个人有权在一定程度上控制其个人数据或信息的收集、使用、披露、存储和处理。一旦涉及数据隐私或者数据保护法，该术语指的便是与处理个人信息或个人数据相关的规则和措施，比如通知、同意、选择、目的、安全等概念。

盗取个人数据或者无意间泄露个人数据的做法，侵犯了一个人的隐私权。但是，对个人隐私的侵犯也可能在未发生数据泄露时出现，比如一个组织坚持从个人那里收集过量的个人数据，或者保存其个人数据的时间超出了合理的期限。

因此在本书中，当我们用到“隐私泄露”这个术语时，不仅仅指不符合数据保护法的规定或者违背数据保护法的数据泄露。

信息安全[①]和隐私

人们经常会问的另一个问题是：“信息安全和隐私之间有什么区别？”

虽然这两个概念确实在某些方面有所不同，但是这两者之间有着一种共生的关系。隐私行业的人员已经认识到：没有安全就没有隐私。

信息安全关注的是三个主要元素：机密性（confidentiality），完整性（integrity）和可用性（availability），简称为“CIA”。简单地说，必须有安全措施来保护个人数据及其他机密信息不被窃取，以免它们在没有恰当授权的前提下被访问或修改。个人数据和其他机密信息的使用者必须相信其准确性和时效性，才能及时做出决策或者处理商业交易。正确的信息必

① information security。

须在正确的时刻提供给正确的人。

如果人们在设计信息安全系统的时候没有考虑到隐私，那么他们可能会以同样的方式去处理所有个人数据。从隐私角度来看，有些个人数据和其他机密信息都是隐私，特别是那些敏感的个人数据，如健康情况、财务状况、种族、信仰或政治倾向等。特别需要指出的是，这些敏感数据必须只有那些“有必要知道”的人才能获取。因此，设计信息安全系统时，人们必须为不同类别的个人数据和其他机密信息设置不同的安全级别。

信息安全说的是“CIA”，而数据隐私则有一套关于如何收集、使用、披露和存储个人数据的规则。任何国家的数据保护法都有一系列要求人们必须遵守的义务或原则。如果组织没能遵守这些义务或原则，不论是藐视规则，还是虽然尽了最大努力还是没能合规，我们都称其为隐私侵犯。

因此，信息安全说的是管理“未经授权”的信息存取（包括个人数据），而与之相反，数据隐私说的是管理“经授权”的个人数据信息的存取。但是，即便某人经授权存取个人数据，也还是有可能发生隐私泄露。比如，这个人以非法的手段收集个人数据，或者合法地收集了数据，但是随后将这些数据用于未经授权的其他目的，或者将其非法披露给了第三方。另外，在处理数据的时候，个人可能会因没能保护好数据，导致数据泄露、曝光、丢失甚至被盗。

为了防止隐私泄露，组织应该采取切实可行的措施保证信息安全，这样的措施不能是“马后炮”。“隐私来自设计”是起源于加拿大的一个行动，如今已在全球范围内得到了广泛的关注，并被接受。隐私专家与信息安全专家、IT 开发者紧密合作，在 IT 和信息安全系统的设计阶段就开始考虑隐私保护的问题。

具体操作合规的重要性

搜索“数据保护法中规定的义务”或者“隐私法中的原则”，你能找到很多相关的法律含义和行为规范。但是要想有效保护数据安全，我们仅知道这些是不够的。

搜索“数据泄露”，你会看到很多关于黑客的信息，这些人狡猾地侵入公司 IT 系统，偷取个人数据和其他机密信息。再深入地挖掘一下内幕，你会发现这些事件的根本原因大多是一位员工（或者前员工）出于粗心或恶意的作为（或不作为）。而更常见的情况是，这位怀有恶意的员工或前员工能成功窃取机密信息，只是因为其所在组织的 IT 系统存在漏洞。很明显，要想保护数据安全，仅靠 IT 系统的管理是不够的。

我们写这本书的主要动机之一，是缩小法律合规[①]和操作合规[②]之间的差距。

组织的所有员工在日常处理个人数据和其他机密信息时，

① 通过组织政策来遵守数据保护法规定的义务和原则。

② 在组织的日常运营和流程中嵌入数据和隐私保护措施。

只做到法律合规是不够的。他们还必须在具体操作层面上了解自己该做什么和不该做什么。此外，供应商、中介、经纪人和代理等第三方在代表组织处理个人数据和其他机密信息时，也必须知道自己该做什么和不该做什么。

简单说来，所有参与处理某个组织所拥有的或所控制的个人数据和其他机密信息的人，必须在实践层面上理解他们在整个信息生命周期中扮演的角色以及他们的职责。

责任和职责

写到此处，我们不由想起了那个关于责任的寓言："每个人"、"某些人"、"任何人"和"没有人"是一个小组的4名成员。他们要完成一项重要的工作，要求"每个人"去完成，"每个人"相信"某些人"会去做，"某些人"相信"任何人"可以完成这个任务，但是"没有人"做了。"某些人"很生气，因为这是"每个人"的工作。"每个人"认为"任何人"会去做，但是"没有人"意识到"任何人"没有去做。最后，"每个人"埋怨"某些人"，而"没有人"做了"任何人"能做的事情。①

人们可以在事前或事后分配职责：一名律师的职责可以是确保组织遵守数据保护法或隐私法，一位 IT 专家的职责可以是

① 摘自查尔斯·奥斯古德（Charles Osgood）的《责任诗篇》（*A Poem About Responsibility*）。

确保组织遵守技术系统的合规性，其他人的职责可以是管理文件和其他一些非技术层面的事务。但如果组织无法对这些人的作为或不作为进行问责，这些职责分配就变得毫无价值。

事实上，如果某个组织惹上了数据保护法律方面的麻烦（包括被个人投诉），监管机构一定会检查该组织的责任和职责分配，并要求组织提供相关证据。

在本书中我们将探讨对于组织和个人来说，哪些是该做的事，哪些是不该做的事。

此外，组织需要将国家的政策和措施落实成该组织的文件，并以此来指导员工的行为。组织也必须向监管机构提供证据，证明自己已经做到实际中可做到的一切来防止隐私泄露。

出于这些原因，在本书中我们会为组织和个人提供一些切实可行的建议。我们希望这些建议可以帮助组织和个人实现操作合规。组织和个人应该根据各自面临的实际情况以及所处的特定环境来参考这些建议，或加以补充。

简单来说，所有人都必须对操作合规负责，没什么比这更重要了。若非如此，一旦某人惹了麻烦，就会开始彼此怪罪，推脱责任，并浪费宝贵的时间和生产力。

本书的写作动力

本书的大部分示例基于我们的现实生活。这些示例部分来自个人实践，部分来自在工作中处理个人数据的顾问。

在与客户沟通时我们注意到，尽管他们遵守法律并且有良好的 IT 管理系统，隐私泄露仍会发生。这是因为个人或组织在具体的实践环节出了问题。

所以我们开始写一本关于具体操作的书，对组织和个人在数据保护中特别容易做错的地方加以警示。我们以一种与读者进行对话的方式写作本书，并假定读者并不是律师或者 IT 达人——当然，我们也欢迎律师和 IT 达人成为我们的读者，我们认为他们也会有所收获。

本书面向的是所有对数据保护和隐私感兴趣的人，不论他是一个组织的员工还是普罗大众的一员。

本书的结构

我们会针对信息生命周期中个人数据的收集、使用、披露、存储和销毁等阶段来讨论人们如何才能更好地遵守数据保护法或隐私法。

- **第一篇　信息资产管理**。本篇主要讨论一些关于数据保护和隐私的话题。
- **第二篇　个人数据的收集**。个人数据收集的原则是：合法、有限并获得同意。获得同意的原则包括组织在收集个人数据时告知个人其收集数据的目的，从而使个人具有同意或者反对组织收集其个人数据的选择权。组织不能强制或强迫个人同意。该原则也赋予个人——哪怕已经选择了同意——日后撤回该决定的权利。组织不能改变其使用个人数据的目的，除非重新获得个人的同意。

- **第三篇　个人数据的使用**。本篇涉及个人数据的使用和处理。在某些情形下，法律允许组织在未获许可的情况下收集、使用或披露个人数据。这些情况不在本书讨论范围之内。
- **第四篇　个人数据的准确性和完整性**。组织可以存储个人数据，但组织必须保证数据的准确性和完整性。本篇讨论的主题是个人存取其个人数据、改正错误的权利，以及组织保证个人数据准确性的义务。
- **第五篇　个人数据的物理安全和环境安全**。组织管理的所有个人数据必须受到保护，组织要确保资料的物理安全并为其提供一个安全的环境。
- **第六篇　个人数据的存储、保留以及清理**。组织不能在超出必要的时限后继续保留个人数据。在本篇，我们将讨论个人数据的留存和清理。
- **第七篇　个人数据的披露**。本篇讨论的是个人数据的披露。只有在组织告知个人披露其个人数据的目的，个人也同意这样的目的后，组织才能披露个人数据。

第一篇

信息资产管理

数据是信息时代的污染问题，
保护隐私是环境方面的挑战。
——布鲁斯·施耐尔（Bruce Schneier）

数据保护：
别忘了它也是物理保护

当看到“数据保护”这几个字时，你首先想到的是什么？我们认为“数据保护”应该包含以下几个方面：

- 有多重存取控制的数据库。
- 有防火墙保护的网络。
- 数据加密措施。
- 预防数据丢失或泄露的措施。
- 检测和预防系统。

具有讽刺意味的是，虽然如今有很多数据以电子形式存在，但我们仍要处理大量包含个人数据和敏感信息的纸质文件。导致这个现象的原因有很多。例如，出于法律原因或者是为了照顾各方喜好，不少协议还是以纸质形式存在。例如，土地证、结婚证和文凭等官方文件必须是纸质的，并且需要加盖授权签发机构的印章。另外，有些官方或非官方的文件若以纸质形式创建和保存，有时会方便许多。

这些纸质文件中的个人数据需要得到保护。因此，“数据保护”必须包含与纸质文件相关的要素。

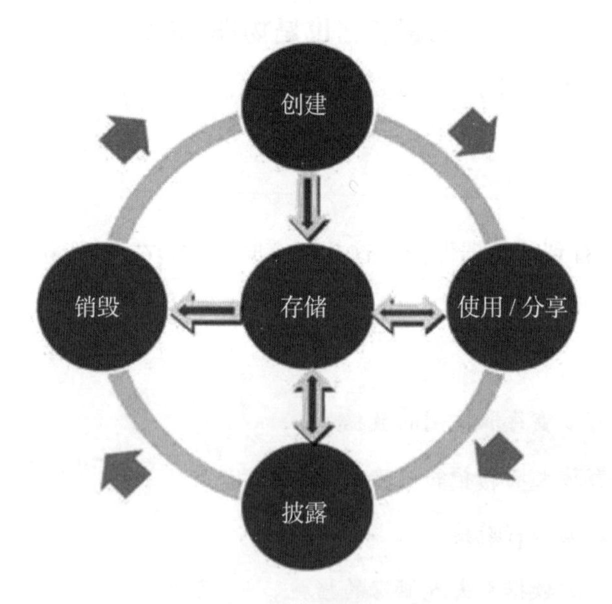

图 1-1　文件的生命周期

文件的生命周期

出于业务需求和监管合规的考虑，组织必须保护好包含个人数据和敏感信息的纸质文件，以免未经授权的人士存取、使用、披露、复制、修改、销毁或丢失这些文件。

要采取有效的保护措施，组织必须先了解文件的生命周期，也就是文件从被创建起到被销毁为止的整个过程，包括文件在每个阶段是被如何处理的，由谁出于什么理由进行了处理。

以下是确定一个文件的生命周期的典型方法。

首先，组织必须整理出一份支撑其各种业务流程所需的清单。有了这份清单，组织就可以对所有需要加以保护的文件有一个清楚的了解。

第二，组织必须评估每个文件的机密性和敏感性。这样做是为了给各文件划分适当的安全保护级别。换句话说，每个文件都必须按照一个事先确定的文件分类方案进行分类。文件可分为“机密”“仅供内部使用”“公开”等。

第三，组织要非常清楚，在文件生命周期和业务流程的每个阶段，这些文件是由组织内的哪个部门或哪位员工来负责处理。因此，组织必须建立一个文件流通图，以跟踪文件在生命周期内的流动。

最后，基于文件流通图，组织必须进行流程审核，评估现有的保护措施是否充分。这些措施必须修复被发现的弱点和漏洞，从而将组织的风险降到最低。

流程审核的重点应放在：

- **创建**：文件最初是在何处被创建的。
- **存储**：文件是在何处被保存和归档的。
- **使用 / 分享**：
  - 文件是在何处被使用或分享的。高风险区域包括文件在部门间或者员工间的移交、接收点。
  - 员工个人所拥有的文件是如何受到保护的，包括员工是否可以复制这些文件，以及（如果允许的话）他们是如何复制这些文件的。
- **披露**：文件是如何被披露的。
- **销毁**：组织是如何处理或销毁那些不会再被用到的文件的。

针对文件的生命周期建立起系统的管理流程后，组织就能更好地保证他们已经控制并减轻了数据泄露的相关风险。

建议

在管理包含个人数据和其他机密信息的文件时，组织应该：

◆理解以文字形式记录文件的生命周期的目的和好处。

◇建立系统的文件管理流程。

◎生成文件管理清单，并保证持续更新其内容。

◎实施一个大家都认可的文件分类方案。

◎生成文件流通图，保证持续更新其内容。

◎进行流程审核，处理每一个被发现的弱点和漏洞。

监管机构来调查了？
只发现了好的方面，还是会发现一些不好的方面？

与客户一起工作时，我们经常会涉及数据保护和隐私处理两个方面：

- 组织要注重操作合规性，否则就会惹上麻烦。而且组织要持续关注这一点，因为这不是一个“弄好了就可以抛在脑后”的任务。
- 组织要制定一个有效的投诉解决流程，尽量降低被投诉到监管机构的风险，组织还要从收到的投诉中吸取教训。

如果监管机构在调查时发现组织没能遵守数据保护法，就会采取处罚措施，包括罚款。即使监管机构没有发现什么问题，这样的调查也会给组织带来不好的影响，因为调查行为本身就是对组织的一种干扰，会占用组织的时间和管理资源。

下面我们来看一些真实的案例。

案例一：健全的流程有回报

有人向监管机构投诉说，他在一个网站输入手机号码参与免费的抽奖活动后，收到了某组织发送的短信，并因此被收取了相关费用。此人表示，他不知道自己的行为会导致这样的结果。

监管机构调查后发现：

- 此人输入手机号码后，该组织发送了一个短信给他，其中包括一个 PIN 码（用户识别卡的个人识别密码）。此人在网站输入了这个 PIN 码来验证订阅。
- 网站明确表示该服务是一项订阅服务，并列出了费用和收费的频率。
- 该网站明确地告知了用户该如何取消此服务的订阅。

因此，此人并非如他所说的那样收到了来路不明的营销短信，而是在该组织的网站上选择订阅某项服务后，收到了合法的订阅服务短信。监管机构确定，该组织采取了恰当的步骤来保证用户在网站输入的号码是有效的，并对此表示满意。用户在接收短信后需要主动加入该服务，这就消除了对用户是否同意的任何疑问。这个人的投诉没有任何站得住脚的理由。

监管机构认为，该案例提醒了大众：个人应该更加留意组织提供给他们的信息，特别是网站上的信息。该组织应该受到表扬，因为他们制定并实施了一个健全的流程，且合乎数据保护法的要求。

案例二：操作失误会带来意想不到的后果

为了购买一场音乐会的门票，某人将自己的信用卡信息和电子邮箱提供给了一个组织。一年多之后，该组织给他发了一封邮件，声明他买的另外一场音乐会的门票被取消了——但是他从来没有买过这场音乐会的票。

此人对该组织将自己的个人数据保存了这么长的时间表示非常担心，要求该组织删除他的个人数据，同时向监管机构发起了投诉。接下来发生的事情是：

- **投诉解决了：**组织对监管机构声明，他们只是向那些之前买过票的客户发送了“提醒邮件”。发送这些邮件只是想提示客户组织现在提供类似的产品或服务，因为该组织认为之前的客户可能会对这些信息感兴趣。在邮件中，该组织给每位客户提供了一个简单且免费的方法来停止接收类似的信息。该组织表示，发送音乐会门票被取消的邮件是由操作上的失误造成。他们已经修改了内部流程，不会再发生这样的错误。他们给投诉者写信保证，组织已根据其要求删除了他的个人数据。

- **后续结果**：问题解决了，调查也可以结束了，对吗？不对！监管调查通常要比我们认为的深入得多。除了调查投诉的内容外，监管机构很可能会发现其他数据保护和隐私方面的问题。一封邮件的操作失误，引来了更大范围的调查，组织被要求采取一系列行动。现实情况正是如此：监管机构担心该组织保留个人数据的时间太长，认为他们应该从 16 个月缩短到 12 个月。如果这段时间内客户的账户没有任何活动，该组织就应该删除这位客户的个人数据。监管机构还认为更恰当的做法应该是让个人选择该组织是否可以保存其信息。另外，监管机构还担心，一旦收集个人数据时的目的已经完成而不再需要这些个人数据时，该组织很可能没有以恰当的方式来删除这些个人数据。而且，该组织的隐私声明提到了英国的数据保护法，却没有提到爱尔兰的数据保护法——而该组织同时在英国和爱尔兰注册。监管机构认为，该组织应该在其网站上发布与爱尔兰数据保护法相关的公告。最终，该组织承认漏掉爱尔兰的法律是自己的疏忽，并会加以修正。

- **监管机构的总体评价**：调查结束时，监管机构认为该组织认真承担了其数据保护责任。组织解决了问题，落实了监管机构提出的建议，这样的合作态度让监管机构很满意。但对组织来说，这样的结果只能是聊胜于无的安慰罢了，因为他们本可以避免监管机构的打扰。

建议

◆ 组织应该持续关注数据保护法的操作合规性，并经常审核自己的流程，建立有效的投诉解决流程。

◇ 个人应该注意组织提供给他们的信息，确保自己的个人数据不会在超出合理的期限后仍被组织保存。而且个人有权撤回之前给出的同意。

在信息系统和流程中进行隐私保护设计

案例一

几年前，一家银行推出了面向客户的个性化服务，但它没有进行特别的公告或宣传，因此没有多少人知道这项服务。

我是偶然间才发现这项新服务的。我将信用卡插入银行的自动取款机（ATM）后，屏幕上出现了一段大字：“××××（我的全名），欢迎您！”

我认为这是对我隐私的侵犯，因为我后面的人都能清晰地看到我的名字。我向银行表达了我的不满。负责人告诉我，银行会默认客户同意 ATM 显示其名字，如果客户不想公开自己的名字，就必须提前告知银行。

我向这位主管建议，出于对隐私的保护，银行应该反过来才对：不要公开客户的名字，除非客户要求银行这么做。

案例二

每当消费者将自己的信用卡提供给商家以支付商品或服务的费用时，后者都会打印一张凭条让持卡人签字。这张凭条表示，消费者同意支付如凭条所示的金额。

有时，该凭条上有持卡人的全名、完整的卡号和信用卡的有效期。而这些个人数据对那些处理凭条的人是完全开放的。

为保护持卡人的隐私，支付卡系统要求商家和服务提供方在凭条上打码，以隐藏细节。例如，凭条上持卡人的名字和卡号会被隐去一段，该卡的有效期也不会显示，这样做既能降低安全风险，同时也能保护持卡人的个人数据，显然是一个进步。

案例三

安卓的 Play Store（应用商店）和苹果 iOS（移动操作系统）的 App Store（应用程序商店）中有不少可以下载安装的应用

程序。它们会要求用户授权很多的权限，而有些权限已经超出了运行该应用程序所需的授权范围。这些权限会侵犯用户的隐私，比如允许应用程序浏览甚至修改存储在该设备上的个人数据或其他机密信息。

我们怀疑，不少这样的应用程序是组织外包给第三方软件开发商进行编程的。如果不清楚隐私保护要求，这些开发者可能只是简单地在安卓或 iOS 预先设定的权限库中挑出一些权限而已。

案例四

西田集团（Westfield Group）是澳大利亚的一家跨国公司，在澳大利亚、新西兰、英国和美国都拥有购物中心。它采用了一种无票停车系统，希望购物者在停车时更简单、更便捷。该系统在汽车进出停车场时会扫描车辆的车牌，然后发送一条短信给已注册的司机，标明他们进入停车场的时间。当免费的停车时间快结束时，系统还会发送一条信息进行提示。要使用这项服务，用户只需提供自己的姓名、车牌号和手机号码（不需验证）即可。

隐私专家指出，任何人都可以用虚假信息来注册该服务，然后通过短消息提示来追踪另外一个人的物理位置。而该系统的条款和协议未能处理这样的隐患。

“隐私来自设计”

以上这些案例表明，将隐私保护设计纳入信息系统和流程的创建中是最好的选择。

有时，一旦系统或流程已经开始运行，再想加入隐私保护的元素就会很困难或者成本很高。因此，软件开发者和流程设计者需要转变思维模式，在设计的初期就加入隐私保护的内容。

“隐私来自设计”（Privacy by Design，PbD）①，最早由加拿大的信息与隐私专员安·卡弗金博士（Dr Ann Cavoukian）于20世纪90年代提出。PbD是一种在技术、业务实践和物理基础设施的设计规范中植入隐私保护元素，从而保护隐私的方法。

PbD前三个最基本的原则和本章有关，它们是：

- 主动而非被动；预防而非补救。
- 隐私是默认的设置（而不是我在案例一中那样的体验）。
- 在设计中嵌入隐私保护内容。

如果PbD确实有道理，那为什么软件开发者和流程设计者

① 来源：安大略省信息与隐私专员站点（www.ipc.on.ca）。

没有敞开胸怀采纳这个概念呢？原因可能有以下几个：

- 人们错误地认为系统和流程中的安全保护措施会处理好隐私问题。
- 虽说没有安全也就没有隐私，但安全本身不足以保护隐私。隐私保护还需要系统和流程为个人提供通知和选择，并由个人决定同意与否。
- PbD 需要软件开发者和流程设计者转变设计理念。然而他们中的很多人并没有这样的理念，或者没有受过足够的培训，所以他们无法接受这一概念。
- 从一开始，PbD 就需要开发人员花费额外的时间和精力来明确隐私要求。

现在的商业环境竞争激烈，对软件开发者来说尤其如此。他们需要尽快推出新的产品和服务，以成为第一个进入市场的人，因此压力巨大。但是，如果开发人员一开始在设计上多花一点时间，就能尽量避免产品在将要上市前不得不更新隐私设置所带来的痛苦。

随着安全监控系统越来越普及，设备之间的联通越来越常规，物联网也越来越发达，人们对 PbD 的需求也就越来越广泛。

比方说，以高清闭路电视摄像头和无人机等形式出现的监控系统有很强的侵略性。在当今这个恐怖主义横行的世界，安全问题是最重要的。但是监控系统的设计还是应该考虑保护个人隐私，并将其作为设计的核心要素之一。

设备间联通的一个例子是公路上的电子收费系统。汽车在通过一个特定的检查点时，系统会自动记录汽车车牌并计算其通行费用。在采用 PbD 后，该系统将保证其功能仅限于计算汽车的通行费用，而不会追踪司机的行迹。

建议

◆组织应该在信息系统和流程的设计中纳入隐私保护元素，而不是在出现问题后才把它们加进来。

◇软件开发人员和流程设计者一开始就应该明确隐私要求。

◆隐私保护在设计中应该是被默认的设置。

文件分类真的有必要吗?

确保信息安全的最佳做法之一，就是将组织的文件按不同的机密等级分类，然后针对每个等级采取相应的安全保护措施。通常的分类有:“不保密”“受限”“机密”等。

当然，组织必须保证每个文件上都清楚地标明了机密级别，这样员工就会得到提醒并知道应该采取何种保护措施。

文件分类是件特别耗时的事情。我们经常听到客户给他们的不作为找理由:“我们几乎所有的文件都是保密的。与其在所有的文件上敲上‘机密’这个章，倒不如假定所有文件都是机密的，然后就这样告诉所有员工。再说了，我们觉得文件分类反而会引起员工的好奇心，他们会更想翻阅有‘机密’字样的文件。”

这可不是一家运营良好的组织的特征啊。如果这样的想法被公之于众，客户将很难信任这家组织。

不进行文件分类的后果

上文所说的这种员工的想法听上去很有道理，但是如果组织照此行事，就会导致以下结果。

1. 文件被过分提高机密等级。

一些组织把所有的文件都视为“机密”，但其中一些文件显然不是机密文件。这种做法非常让人困惑：如果公众可以传阅的文件被标上了“机密”字样，那么那些真正应该被标为“机密”的文件的价值就被贬低了，关于机密的标准缺乏一致性。

2. 任何人都假定自己可以浏览组织内的文件。

由于没有明确的界限来确定谁能浏览何种信息，那么员工会认为自己可以浏览组织内的所有文件。大部分组织采取的最佳方法是，保证那些高度机密、高度敏感的信息（如人事文件和财务文件）只有一小部分员工可以接触到。组织对客户文件和其他文件也应采取类似的限制。

3. 员工离职将带来危险。

随着老员工离职，新来的员工可能并不知道组织的政策和做法，特别是在没有人向他们说明处理不同类别文件的方式的时候。文件分类可以表明，组织有一套大家都接受的信息分类规则。

4. 错误的记忆带来的危险。

随着时间推移，机密文件需要采取的安全措施可能会慢慢消失，因为员工总是会忘记有哪些规定。在文件上印上“机密”这个词是一种很好的视觉提醒，提醒大家要以正确的方式来处理相应等级的机密文件。

成本收益分析

如果组织实施文件分类，那么就如何分类以及如何配以安全措施达成一致是个一次性的政策制定过程，之后则是一个一次性的行政工作过程。一旦组织的员工接受了正确的文件分类培训，那么为现有的纸质文件分类并不是什么难事。

文件分类带来的好处是巨大的，不仅可以避开上述提到的风险，员工们还会一直得到提醒，确保他们采用正确的信息安全措施来处理机密文件。

员工合同和员工手册通常要求员工遵守组织的政策和惯例，保证组织文件的机密性。如果员工没有遵守这些规定，组织通常有权采取训诫行为，包括口头警告、书面警告和解雇等。

如果组织已清楚地标明文件的机密等级，那么当员工没有正确地处理或使用这些机密信息时，他就无法推卸责任。

建议

在处理机密文件时，组织应该采取如下措施：

◆建立文件分类体系，为文件分配恰当的机密等级和保护措施。

◇在所有文件上清楚地标明机密等级。

◆不要过分提高机密等级。

◇根据员工职责，限制员工对机密文件的存取。

◆对新员工进行培训，使其了解组织处理机密文件的政策和措施。

你可以委派任务，但不能推卸责任

事件一[1]

投诉：某著名银行的几百位客户投诉说，他们收到了其他人的银行账单，而这些账单本该是私人机密信息。信封上的收信人地址是对的，但是名字都错了。

原因：银行将账单印刷和邮寄任务外包给了一家第三方印刷公司。后者在打印银行提供的客户列表时，发生了串行的问题。

---

① 根据真实事例改编。

事件二[1]

投诉：数千人投诉某公司，表示他们无法在该公司的网站进行股票交易，时间长达6个小时，因此失去电子交易的机会，蒙受了数百万美元的损失。

原因：该网站由公司的IT部门开发、运营和维护。此前这个部门由于成本的原因，已成为一家独立的子公司。新的IT公司为了增加利润，削减了很多成本，导致公司当时只有最低限度的应急和持续服务措施。

事件三[2]

投诉：某组织的数千名客户投诉说，他们邮箱的用户名和密码被盗了，而且经常在他们不知情的情况下发送垃圾邮件。他们也是在垃圾邮件的接收者向他们反映后才意识到这个问题的。

原因：有人侵入了该组织服务供应商的服务器，几乎所有该供应商所存的用户名和密码都被盗了。

---

① 根据真实事例改编。

② 根据真实事例改编。

事件四[①]

投诉：有数百人投诉一家房地产公司，因为他们收到了该公司发送的推销短信。而在此之前，他们已经在全国“请勿骚扰本号码”（Do-Not-Call,DNC）登记处登记了自己的手机号码，表示不愿意收到类似的推销短信。

原因：该公司的一家独立代理商违背了DNC政策以及该公司的规则，联络了这些人。

组织对其供应商和其他第三方的行为负有责任

在上面提到的四个事件中，即使犯错的是组织的外包公司、子公司、服务供应商或者独立代理商，客户和公众还是会直接投诉该组织。这表明尽管组织将它的某项工作委派或者外包给了第三方，但在出现问题后，组织还是需要承担责任。

除了因供应商或第三方的失误而受到法律层面的惩罚之外，组织的声誉和名望也可能因此受到损害。而供应商和其他代理的声誉和名望所受到的影响则很少，毕竟客户和公众只知道并且也只认可该组织的名字。

组织必须尽量降低供应商和第三方在执行组织委派给他们

① 根据真实事例改编。

的任务时产生的风险。所以说，对于组织而言，挑选供应商和第三方是非常重要的。

就责任与义务达成一致

在委派或者外包业务之前，组织要做的第一件事是草拟一份关于组织和供应商或者第三方的责任和义务的协议。这么做是为了让各方对各自的角色和责任达成一致，避免误解，将出现错误的风险降到最低。

将彼此的责任与义务写进书面协议中后，执行协议就意味着组织与供应商或者第三方对协议的认可和接受。这种协议通常包含赔偿条款，其中明确规定了供应商或第三方因违背协议而需要支付给该组织的赔偿金额。

在委派或者外包业务之前，组织要做的第二件事是确定协议中运营方面的内容，它们可能包含：

- 组织期望供应商或第三方提供的服务水平。
- 供应商或第三方需要定期汇报给组织的关键绩效指标（KPI）。
- 出现问题后供应商或第三方的处理方法。
- 供应商或第三方的应急方案。

在选择供应商或第三方之前，组织应该对他们的操作和流程加以审核，评估其运营能力，其中就包括他们遵守数据保护法的能力。

组织还应该建立一个反馈流程，这样供应商或第三方在错误发生之前就可以及时向组织汇报这些有可能发生的情况。

虽然组织非常想对供应商或第三方的表现进行严格的监督，但是可能并没有足够的资源去这么做，或者可能存在一些障碍，比如供应商或第三方地处海外。

在这种情况下，最关键的监督措施是恰当的 KPI 考核，供应商或第三方向组织汇报绩效的频率和细节也是很关键的。组织应该仔细审查供应商或第三方所提交的 KPI 报告，针对已出现的错误或潜在的不足采取相关行动。一些组织只是简单地将报告归档，没能发现问题正在逼近，这种情况我们见过太多了。

最优结果

最后要说的是，组织与供应商或第三方之间的相互信任有利于延续良好的长期合作关系，但是这种关系必须建立在如下基础之上：

- 组织对供应商或第三方的能力、长处和弱项有非常全面且清晰的认识。

- 在双方的协议中清楚地规定各方的职责和义务，并且双方对此达成一致。
- 组织设定恰当的 KPI，要求供应商或第三方及时向组织汇报，并采取行动解决已出现的或潜在的问题。

建议

组织在委派或者外包业务给第三方前，应该采取如下行动：

◆ 选择一家可信赖的第三方。

◇ 在协议中明确规定双方的职责与义务，以及第三方违背任何条款时应做的赔偿。

◆ 在合同中明确组织期望的第三方服务水平、问题处理流程以及应急方案。

◇ 如果委派或外包的业务对组织的声誉有很大影响，组织要对第三方的操作和流程进行审核。

◆ 建立反馈流程，第三方可以就任何即将发生的事件或失误向组织发出预警。

◇ 为第三方设定 KPI，并要求第三方定时向组织汇报。

我们没有收到过任何投诉，很不错吧？嗯……也不一定

数据保护法通常会给予监管机构如下权力：

- 派调查人员到相关组织依法进行调查。
- 接受来自个人的投诉，并对其投诉对象进行调查。

如果监管机构不会主动对组织进行审核或调查，但是会根据个人提出的投诉采取行动，那么这种监管制度就会被称为“基于投诉的监管制度”。

人们很容易认为，如果某组织没有收到过投诉，就意味着

它的客户们没有需要投诉的问题。但是，“没有收到过投诉”或者“没有收到过投诉的记录”可能意味着该组织根本就没有一个运转良好的投诉流程。比如，客户向组织的一线员工投诉，后者可能会处理这个投诉，也可能会置之不理。一旦个人的投诉涉及数据保护，那么这个投诉肯定会升级到监管机构那里。唯一不确定的是这样的情形会在何时发生。

我在阅读数据保护案例的报告时，通常会想：“这件事真的很琐碎。这位投诉者是没有别的事情好做，非要向监管机构投诉不可吗？”但深入研究后我发现，一开始，投诉者只是有一个小问题或者小请求，甚至与数据保护无关，但他就是没法从组织那里得到任何有意义的回复。最后在绝望中，投诉者找到了他的问题或请求与数据保护之间的联系，于是他转向监管机构，希望找到一个愿意聆听他意见的人。

为什么要在投诉流程上多下功夫呢？

一个完善的投诉流程能给组织提供非常有价值的信息，它能帮助组织改进处理客户个人数据及与客户沟通的方式。

如果组织没有一个合理的投诉流程，它就无法很好地遵守数据保护法。

如何设计合理的投诉流程

1. 让投诉变得简单。

要让个人知道向组织投诉的方法。比如，组织可以在其网站上公布电话号码或电子邮箱，或者公布处理客户投诉事务的员工的通信地址和职位。组织还要让个人知道组织需要怎样的信息来解决他们的投诉。

2. 确保所有员工知道投诉由谁来处理。

让个人知道如何投诉不一定能解决问题。有些人会拨打组织的总机、写信到总部所在地、发送邮件到组织的投诉邮箱或者通过网站上的“联系我们”一栏提交问题，他们还可能简单地向正在与他们沟通的员工投诉该组织的产品或服务。

所以，组织要将接收投诉的职责落实到具体的员工身上，确保他们定期（至少每天一次）检查组织的投诉邮箱以及所有在线咨询表单，并定期进行合规审查。

这些听起来很简单，对吧？但这么简单的步骤却总是被组织忽视。

3. 收到投诉后要尽快处理。

组织处理投诉最好的做法是：

- 收到投诉后，尽快以书面形式向投诉者确认。
- 要求投诉者提供组织在调查投诉时必需的信息。

- 告知投诉者何时能收到反馈。

这样做是为了向投诉者保证，组织已经收到了他的投诉，也会认真处理，并设定一个反馈时间，防止投诉者向监管机构发起投诉。

4. 设计合理的内部投诉调查流程。

组织在设计投诉调查流程时没有“万灵药”，这个流程取决于组织的规模和复杂程度，以及处理个人数据的行为发生在何处。比如，一个组织是在若干不同地方运营，还是只在一个地方运营？是不是有很多不同地区的人为其提供个人数据？

设计合理的投诉调查流程的一个共同点是责任分配清晰，有专门的员工负责处理投诉。

第二个共同点，是组织必须在调查投诉的过程中收集并保留证据。在监管调查中，监管机构会要求组织提供证据，而且最好是书面证据，从而了解组织做了什么或者没做什么，以及为什么如此。

第三个共同点，是负责处理投诉的员工必须在组织内有足够的权力，或者有高级管理层足够的支持，从而保证每个参与调查流程的员工都能高效地工作。

5. 投诉的内部升级。

在某些情形下，组织收到的投诉和做出的回应会像病毒一般扩散到社交媒体上。

负责处理投诉的员工应该对此保持高度敏感，在向投诉者做出回应之前，应该至少先做如下两件事情：

- 向高级管理层通报此次投诉的内容、调查的结果以及负面新闻带来的风险，不要让管理层在日后感到意外。
- 以防万一，确保组织准备好了一份公关回应稿。

6. 将处理结果反馈给投诉者。

组织必须将投诉的调查结果告知投诉者。通常情况下，如果投诉的解决结果对投诉方有利，组织就不需要向其提供一份该投诉处理结果的书面通知，除非投诉方要求。

否则，组织应该做到：

- 向投诉者提供调查结果的书面通知，包括组织做出该决定的理由。
- 如果投诉者对结果不满意，组织应提供可供联络的第三方资源，如监管机构。

7. 进行内部分析并提供报告。

负责处理投诉的员工应该定期向高层提供一份书面报告，说明自上次汇报以来组织所收到的投诉，以及组织处理这些投诉的方法。

这些员工应该通过分析投诉内容和调查结果，总结出降低投诉数量的方法。

例如，如果针对组织内某个特定部门的投诉突然增加，负责处理投诉的员工就应调查其深层原因。组织可能需要对这个部门的员工进行补充培训，也有可能组织在运营方面存在其他问题。

建议

具备合理投诉流程的组织应该做到：

◆让投诉变得简单。

◇确保所有员工知道投诉由谁处理。

◆及时向投诉者反馈投诉的处理结果。

◇具备内部分析和汇报制度，使投诉能引起高层的注意，并采取补救措施从而降低投诉数量。

如果仓库弄丢了属于组织的个人数据会怎样？

如果你的组织将存档文件的存储外包给了一家仓库，但是很不幸，这家仓库把这些文件弄丢了，你该怎么办？这样的事情发生在我们都知道的一个组织身上，我们姑且称其为 A 公司。

很明显，A 公司的供应商（不妨称之为 X）决定关门大吉。X 供应商告诉 A 公司，它将不再续签 A 公司文件存储的租约。A 公司准备从 X 供应商那里取回所有的文件箱，并将它们存放到一个新的供应商那里。但 X 供应商告知 A 公司，有几个文件箱不见了。这些文件箱中存放着发票、信用卡交易凭条、保险报告和银行凭条等各类个人数据。这些个人数据显然不再受到保护，可能会被未经授权地披露。面对这样一桩明显违犯数据保护法的事件，你该怎么办？

不利的合同条款

更糟糕的是，A 公司与 X 供应商签订的租赁协议对 A 公司非常不利。根据“有限责任”条款，A 公司同意 X 供应商无须为每箱超过 10 美元的损失负责，A 公司也不会索要任何后续的赔偿。A 公司居然同意签订如此不平等的条款，让我们大为吃惊。难怪 X 供应商会毫不在意地将他们弄丢了几个文件箱通知给 A 公司，并提出为这几个文件箱各支付 10 美元赔偿金。

与此同时，A 公司面临着一件十分严重的事故：没能保护好他们保存的个人数据。更糟糕的是，A 公司手上没有每个纸箱的内容清单，因此他们根本就不知道丢失了哪些客户数据。

要不要进行通报

有些国家和地区[①]有数据泄露通报的强制性要求。也就是说，一旦出现数据泄露，组织必须向数据保护监管机构通报。

---

① 比如德国、奥地利、韩国、中国台湾、墨西哥以及美国的大部分州。欧盟的《通用数据保护条例》也要求组织在数据泄露 72 小时内向监管机构通报。

有些国家和地区[①]则没有这样的要求，但是监管机构通常会鼓励组织通报数据泄露事件，也就是说，这些地区采用自愿通报的做法。对A公司而言，自愿通报可以帮公司预防进一步的损失。

A公司曾向我们咨询，他们是否应该向监管机构报告此次事故，我们的建议是“再等一下”。因为A公司还没有掌握所有的事实，也没有开展全面的调查。如果A公司通知监管机构后，丢失的文件箱又被找到了呢？那就太尴尬了。

我们建议A公司进行一次全面的调查，给X供应商两周的时间去调查清楚，这些文件箱是彻底被弄丢了，被放错了地方，还是已经被销毁了。

有了这些信息，A公司就能做出是否应该向警方和数据保护监管机构通报此事的决定。而结果是，X供应商发现这些纸箱可能只是被放错了地方。

这个事件表明，当组织决定将包含个人数据的文件外包时，一定要非常谨慎，并对外包公司进行调查审核。

组织在与供应商签订合同时，可参考以下建议：

- 在决定合作之前，组织要仔细地审查供应商的能力和服务水平，确保供应商有恰当的管理措施。

---

① 包括新加坡、马来西亚和中国香港。

• 在合同期内，组织应持续监督并审核供应商的管理措施实施情况。
• 组织应确保与供应商签订的合同中包含了对数据保护和隐私的约定。

供应商合同

组织应该确保与供应商签订的每份合同都是根据供应商向组织提供的服务而量身定制的。任何组织都不应该签署由供应商提供的标准版本的合同。

合同应该至少包括以下要求，以保护组织及其拥有的个人数据：

• 供应商保护数据的措施。
• 出现数据泄露时供应商的责任。
• 合同终止或者供应商不再需要提供合同中规定的服务时，数据应该如何被销毁。
• 组织有对供应商进行审核和调查的权力。
• 明确组织和供应商对数据泄露事件应负的责任。

建议

组织将包含个人数据或其他机密信息的纸质文件外包时，应该采取如下做法：

◆在外包之前对供应商进行必要的调查和风险评估。

◇确保合同内容合理，应特别明确供应商对保护个人数据应负的责任。

◆对所有包含个人数据的纸质文件是否得到恰当的保护进行定期审核或监督。

◇如果组织外包的文件出现数据泄露，在决定是否向相关机构通报之前，组织应先进行一次全面的调查。

第二篇

个人数据的收集

在你强迫某人接受某件事情时，你并没有改变他的态度，而只是暂时改变了他的潜意识行为。

——作家马里奥斯·艾佛利皮多

（Marios Evripidou）

你接触的销售和服务人员遵守数据保护法吗？

某次我在一家商场购物，在我付款时，一名销售人员问我："能否告诉我您的姓名、联系电话、地址和身份证号码？"我只是想买样东西，为什么销售人员要问我的身份证号码？我回问道："不好意思，你能告诉我为什么需要我的身份证号码吗？"他的回答是："对不起，我们不需要这个，有其他的信息就够了。"

他给了我一张废纸，让我写下这些信息。我很好奇他会如何使用这张纸，于是就照他说的做了。我注意到，这家商场的所有销售人员在将客户信息输入 POS（销售终端）系统时，会参考纸上的内容，所以他们可能是想确保自己输入的信息是无误的。

在废纸上收集个人数据时要注意了

销售人员将我的信息输入 POS 系统后，将商品递给我，并感谢我光临这家商场。尽管我对商品的质量和价格都很满意，但对他和那家商场有很大的意见：这位销售人员将我的个人数据录入了 POS 系统，完全忘了还有一张写着我个人信息的纸。不光是下一位销售人员能看到我的个人信息（这已经很糟糕了），下一位客户也能看到。

我对他说："不好意思，能否请你销毁那张写有我个人数据的纸？"

他看着我，有些茫然。显然，他没有受过信息安全方面的培训。一开始，他准备把那张纸揉成团扔掉，迟疑了一下后，改成将其撕碎。

切勿在 POS 系统上泄露客户的个人信息

因为这件小事，我开始在商场里四处观察。我注意到，附近一台电脑旁还有一张纸片，上面写着客户的个人数据。电脑显示器上显示着另外一位客户的订单页面，而销售人员正在不远处为一名女性顾客服务，根本没有注意到我正在看其他客户的个人信息。我能看到那位顾客的姓名、联系方式、地址和购买的所有商品。实际上，任何人都能走到那台电脑前，偷窥客户的个人数据。

切勿在公众触手可及之处堆放发票或收据

我在收银台处准备付款的时候，又注意到了一个令人不安的景象：收银台后面有一堆客户的发票和收据，还有订单、退货单等文件。这个区域并没有限制他人进入，任何人都可以拿起这些文件然后一走了之。

付款后，我的个人信息就被“丢弃”在文件托盘里，这让我感到很不舒服。我很想知道，该商场的高层管理者是否知道数据保护法已经生效了。目前没有任何证据表明该商场的销售人员受到过数据保护法相关的培训。如果有人投诉该组织将客户的个人数据泄露给了路人的话，他们绝对会惹上麻烦。

不仅要法律合规，还要操作合规

根据数据保护法要求的保护原则，组织应采取合理的安全措施来保护他们拥有或者控制的个人数据。

就以我的购物体验为例，该商场的政策和措施很可能与这一原则相悖，顾客的个人数据并没有受到保护。如果你的组织有零售或者服务柜台，那么员工们的操作是否符合这一原则呢？

通常情况下，当我问一个组织其行为是否合乎数据保护法时，得到的回答多是他们的律师对组织的文件进行了审核，他们也已经对员工进行了培训。

但是，这样的措施只是让组织做到法律合规，而不一定是操作合规。只有实行了信息安全政策和措施，并将其嵌入运营流程，组织才能做到操作合规。

让员工知道什么是数据保护法，并不等于教会他们如何遵守数据安全法，后者还包括对信息安全政策的强制执行。

组织应该进行一次数据保护操作现场检查，保证组织的信息安全政策得到了相应的修订，组织的信息安全漏洞得到了处理。

建议

要合乎数据保护法的要求，组织应该做到如下事项：

◆不仅要做到法律合规，还应做到操作合规。

◇避免员工使用废纸记录客户的个人数据，避免个人数据被不必要的泄露或曝光。

◆不要在 POS 系统或电脑页面上暴露客户的个人数据。

◇不要在公众可及的公开场合放置客户的发票或收据。

◆定期进行数据保护操作现场检查，明确组织存在的不足，并加以改进。

◇组织培训，让员工学习数据保护法以及组织的数据保护政策和措施。

志愿福利组织
常犯的错误

志愿福利组织是为社区公众提供服务的组织，包括一些世界范围的组织，如红十字会和救世军，也包括为本地提供社会服务的慈善机构。他们在提供服务的过程中经常需要广泛地收集个人数据，通常还会包括敏感的个人健康和财务信息。

据我观察，志愿福利组织在数据保护方面经常会犯如下错误。

认为数据保护法对他们不适用

志愿福利组织中的资深员工经常对我说，他们觉得数据保护法的要求让他们有限的资源变得更加稀缺，而这些资源本可以用在那些需要帮助的人的身上，或者别的客户身上。

但我认为，数据保护法适用于所有组织，其中包括志愿福利组织。

过度收集个人数据

我注意到，志愿福利组织的员工特别容易过度收集个人数据。

他们收集数据的动机通常都是出于好意。比如，他们认为如果能在一开始就获得客户的大量数据，就不用在将来再麻烦他们提供更多的数据了；或者如果组织在一开始就能更多地了解客户，就能为他们提供更有价值的服务；又或者他们可以将客户引荐给别的志愿福利组织，从而为他们提供进一步的帮助（即使客户并未提出这样的要求）。

不管出于何种动机，数据保护法只允许志愿福利组织在当时的情形下收集合理范围内的个人数据，志愿福利组织应将他们收集信息的目的告知客户

未将收集、使用或披露个人数据的目的告知客户

有不少志愿福利组织在声明其收集、使用和披露个人数据的目的时含含糊糊。他们告诉我，这样做能让他们有更多的灵活性。然而一个含糊的声明，不可能是一个有效的声明。

不管志愿福利组织提供什么服务，志愿福利组织告知某人说，他的个人数据将“以我们认为合理的方式”或者“根据我们的判断”加以使用、披露，并不是一个有效的目的声明。志愿福利组织不能因为总体动机是好的，就用模糊的方式告知个人其收集个人数据的目的。

接受来自第三方的引荐，但没有检查客户本人是否同意

有些志愿福利组织会获得很多引荐，例如，他们会接到某人的朋友或家人的电话，因为后者认为此人需要帮助。他们也会收到来自其他志愿福利组织的引荐。有时这些志愿福利组织只要收集足够的个人数据，能给那位被推荐过来的人打电话就行了。有时他们会收集很多个人数据，特别当打电话来的人是其家庭成员的时候。

很多志愿福利组织都会犯这样的错误，就是认为第三方（也就是引荐的来源）已经得到了客户本人的同意来披露其个人数据，而且该第三方已经有了书面的同意书。

很多志愿福利组织还会这样假定：不用担心当事人同意或不同意，因为他们是在为他提供帮助。

这些志愿福利组织犯的错误是，只是因为第三方说某人需要帮助，就认为此人不仅需要帮助，想要得到帮助，而且同意第三方披露自己的个人数据以获得帮助。

比方说，一位社会工作者（第三方来源）认为某人很孤独，需要更多的陪伴，于是建议此人加入某个老年人活动中心。但此人因为对目前的社区互动水平感到非常满意，并不想多此一举，他只是希望这位社会工作者别再打扰自己，就此打住。而这位社会工作者却私自将此人的个人数据提供给了一家志愿福利组织，这家志愿福利组织运营的活动中心也确实很适合这个人。此人深受志愿福利组织游说其加入活动中心的困扰，不胜其烦，于是向数据保护监管机构投诉，称该社会工作者在未经授权的情况下披露了自己的个人数据，以及志愿福利组织在未经授权的情况下收集了自己的个人数据。

无限期地保留个人数据

数据保护法要求，当组织没有必要保留其拥有的个人数据时，应该销毁这些数据。如果志愿福利组织认真思考他们真正需要保留个人数据的时间，然后设计并实施一个恰当的数据留存政策，就能从中获益，包括因实施此政策而空出来的存储空间。

志愿福利组织常犯的错误，是在为客户提供服务后仍保留其个人数据，以备日后使用。

没有严格的内部保护措施

我注意到，志愿福利组织中存在一个很有意思的两极分化现象。比如，员工身上有诸多道德规范约束，会很认真地对待文件的机密性。他们会确保文件被锁好，外部人员无法接触这些文件。

但是在志愿福利组织内部却出现了相反的现象。客户的个人数据对所有员工开放，他们只要登录IT系统或者打开未上锁的橱柜就能翻阅纸质文件。这些纸质文件上并没有标注“机密”标记。而且很多志愿福利组织的IT系统根本就没有密码，即使有密码，也从来不会更新或者只是一年修改一两次。

志愿福利组织所犯的错误，是没有将其业务当作一项需要严肃进行个人数据保护的业务来看待，而且志愿福利组织认为所有员工都能看到客户的个人数据也没问题。但这种想法是错误的。

建议

志愿福利组织需要和其他组织一样认真遵守数据保护法：

- ◆收集个人数据时，只从客户那里获得必需的数据。
- ◇明确地告知客户组织收集、使用和披露其个人数据的目的。
- ◆收到第三方引荐时，应确保第三方获得了当事人的同意。
- ◇制定并实施一套为组织量身定制的数据保护政策。
- ◆对拥有的个人数据进行合理的保护，比如只允许必须知道客户个人数据的员工接触这些信息。

图片和视频，包括监控录像也可能是个人数据

数据保护法所指的个人数据，包括纸质文件和电子文件中的个人数据，此外，图片或者视频中可被识别出的个人影像也属于个人数据。

在胶卷时代，人们冲洗照片的费用相对较高。如今几乎每台手机都有内置相机，可以拍摄照片、录制视频。人们每天都会拍摄大量的照片和视频，每天都会有上千个视频被上传到相关视频网站，每天也有数百万人在分享自己的照片。

个人照片

好消息是，数据保护法没有覆盖到个人出于自用或家用目的使用照片的情形[①]。

如果我的朋友在他家孩子的生日宴会上给我拍了一张照片，数据保护法并不会要求他在给我拍照时，或者为他的朋友和家人展示这张照片时，征得我的同意。如果他要将这张照片发布至社交媒体，那么出于礼貌，他可能会问我是否介意，但这不是必需的。

另一方面，当我的朋友想把我的这张照片印在他们的业务宣传手册上时，他就必须征得我的同意，因为此时他是将我的照片用于商业运作之中。

一个更好的消息是：如果图片上的个人无法被认出，数据保护法也不适用。

我朋友给我看了几张她用智能手机在植物园拍摄的照片。照片里的人群中有一位明星。第一张照片是从远处拍摄的，因此清晰度不高，我们无法认出照片中的人。所以，这张照片里没有包含个人数据。如果照片中的人没有看向相机，没被拍到脸，又或者图片很模糊，结论也是一样的。

朋友在拍摄第二张照片时离那些人只有一两米远，他们的

① 不同的数据保护法对“个人或自用”的限定是不同的。

脸部看起来很清晰。我不是电视迷，所以根本不知道这位明星的名字，也不知道他在电视中扮演的角色。但是我知不知道他的名字没有区别，因为他是可被认出的，所以照片中他的影像就是他的个人数据。

在公共场所拍摄的照片和视频

一个组织可以在未经相关个人同意的前提下收集、使用或披露公众可获得的信息[①]。所以，组织可以在街道上和对公众开放的场所（如博物馆、购物中心或主题公园）拍摄照片和视频。

但需要注意的是，有些地方可能在大部分时间里是公共场所，但并不总是如此。比方说，通常情况下餐厅是公共场所，但如果一家组织包下该餐厅举行一场活动，不允许公众进入，那么在活动期间，这家餐厅就不属于公共场所。组织如果没有获得与会者的同意就收集、使用或披露他们的影像，很可能会违背数据保护法。

而有些地方同时有公共区域和私人区域。比方说，体育场的看台上除了一般观众区，还可能有私人包厢。在私人包厢中欣赏演出的那些人的影像就不属于公众可获得的信息，虽然他

① 这是一个通用原则，在不同地区的数据保护法中有不同的说法。

们和公共区域只隔了一道玻璃。

不管怎么说，组织在公共场所拍照或摄影之前，设置一个提示牌进行提醒是一个很好的做法。这样一来，如果一些人不想出现在照片或视频里时，他们就能避开这个区域[①]。

事先得到拍照或摄像许可并不是个好主意

有些组织会大量使用照片和视频作为宣传的工具。比方说，他们会将照片和视频放到脸书上或新闻简报中。他们通常会犯的一个错误是在和个人接触的伊始，就获得此人明确的同意，让组织可以使用其照片和视频。组织认为这样做很有效率。

比方说，一些志愿福利组织、体育俱乐部和其他一些协会会在吸纳会员的文件中加入一项同意声明，要求个人同意组织收集、使用或披露其照片和视频。有时该声明是可选项，有时它是个人获得服务或者加入俱乐部的条件之一。但这么做的问题在于：

- 如果该项同意是个人获得服务或加入俱乐部的条件之一，

① 组织应该尽量避免在没有获得个人同意的情形下将其照片或视频用于商业目的。因为有时，个人可能因其影像被商用而向组织索赔，或者出现其他组织不想看到的后果。

数据保护监管机构可能会认为人们是在“被强迫”的情况下同意的。这样的话，该项同意是无效的。
- 根据数据保护法，个人有权在任何时候撤回该项同意。

因此，从行政效率来看，事先获得这项同意意味着组织必须记录谁给出了同意且没有撤回该项同意。反之，如果组织在使用包含某人的照片或视频时再去征求当事人的同意，事情就会变得简单许多。

在非公开场所拍摄的照片和视频

组织处理在非公开场所拍摄的照片和视频时，我们有一些建议：

- 当组织邀请个人参加活动时要告知受邀人，组织会在活动中拍照片和视频。如果组织有自己的网站，那么该网站也要显示这样的通知。
- 组织可以在登记台或活动入场处放置一个明显的提示牌。

通常情形下，组织应该做好以下两件事情。一是降低个人声称自己不知道会被拍摄而带来的风险。说到底，有些人在参加活动时可能根本没有注意邀请函，也没有进行登记。如果个人知道自己在活动中会被拍照或录像，那么一般情况下，该组织就能依据他的出席而获得他对组织收集、使用和披露其影像的同意。

二是如果组织随时可以与个人联系，那么在需要时获得明确的同意可能比长期追踪此人是否撤回了同意更有效率。

如果某人对组织如何使用他的影像很在意，那么获取其明确的同意是能更好维护彼此关系的方式。

某次，在我不知情的情况下，有人在酒店休息室（这当然是公共场所）里拍了我的照片。当时我正和同事聊天，准备稍后去旁边的宴会厅参加一场庆祝晚宴。一整晚，我的那张照片和休息室中其他人的照片一直在宴会厅的巨型屏幕上循环播放。虽然我没有合理的理由进行投诉，但是我对这个行为以及那个组织十分气愤。

监控视频

如果组织安装了闭路电视系统，就能捕捉到访客的影像。大部分组织选择依赖个人给出隐含的同意，允许其收集、使用和披露他们在闭路电视中的个人数据。

这也就是为什么组织有必要在设有摄像头的区域放置一个醒目的通告，告知访客该区域装有闭路电视摄像头。

建议

在拍摄照片和视频并加以使用和披露前，组织应该采取如下措施：

◆在要进行拍摄的公共区域放置一块提示牌，告知公众组织会在这个区域拍照和摄像。

◇出于对效率的考虑，不必在一开始就要求个人同意组织使用其照片和视频。

餐厅面临的风险：
关于订座的数据保护问题

有一天，我路过一家餐厅，看到它的登记台就在入口处，台面上有一张预约表。负责预约的服务人员不在场，我能从这张表上看到那些在这家餐厅预约用餐的顾客的名字和手机号码。

这家餐厅显然不知道数据保护法对个人数据保护的要求，即组织不能对个人数据进行未经授权地存取和披露。

没能保护个人数据

数据保护法要求组织合理保护其拥有的个人数据，并防止未经授权的人士接触到这些数据。

那么，餐厅订位的流程是什么呢？首先，餐厅会要求客人提供自己的名字、联系方式、用餐时间和用餐人数，然后餐厅会预留客人所需的餐位。等客人到来后，服务人员就会带他们去预留的位置。客人用完餐、付完账后，这一业务流程就完成了。这是很常规的业务，对吗？

不对！

我在餐厅入口处看到的情形让我非常不安，它表明这家餐厅没有认真地对待客户的个人数据——写有客人信息的预约表被放在桌上，任何人都能看到。你也许会问：谁会在意这个呢？

对于我们普通人来说可能没什么，但如果是一位名人或者重要人物在这家餐厅预约，其个人信息被泄露的话，就可能引发大问题。

保留个人数据超过了合理的时间

除了对个人数据进行合理的保护之外，数据保护法还要求组织在不需要个人数据的时候，停止保留这些数据。

那么，在订餐流程完成之后，那天的预约表会被如何处理呢？餐厅是会继续保留还是会销毁它？如果餐厅选择销毁这些信息，那么其销毁方式是否安全呢？

对于那些为了确认客人订位而收集来的个人数据，餐厅不可以在未经相关人士同意的情况下另作他用或加以披露。如果餐厅保留预约表，将其存档以便日后参考，餐厅要保存多长时间？餐厅会不会在未经相关人士同意的情况下，将预约表里的个人数据另作他用，比如营销？餐厅会不会将这些信息给予，甚至售予第三方？

在我看来，这家餐厅至少违背了数据保护法中规定的一项原则：保护个人数据。它也很有可能违背了上文提到的所有原则！

在“基于投诉的监管制度”下，只要有人向数据保护监管机构投诉这家餐厅，监管机构就必须对其进行调查，接下来就会对该餐厅进行罚款，并要求其整改。

建议

需要处理个人数据的组织应该采取如下措施来保证数据安全：

◆进行现场检查，并对检查中发现的问题采取有效的应对措施。

◇不再需要个人数据时，应及时销毁这些数据。

◆在没有获得相关人员同意之前，不能将用于一个目的而收集到的个人数据用作其他目的。

◇对员工进行培训，保证操作合规，而且能意识到潜在的不合规之处并加以改正。

收集数据时的隐私保护措施

组织在收集个人数据时最常用的两种方式，是让个人填写表格或在专用记录本上进行登记。这样的动作会发生在很多数据收集处，比如：

- 访客在公寓的警卫处或者办公楼的接待处填写访客登记信息。
- 买家造访楼盘开盘的展示位时，销售人员会帮助他们填写意向表。
- 潜在客户与财务规划顾问面对面交流时，会填写客户信息表。

- 求职者向某组织提交求职申请表。
- 购物者在商店里将抽奖参与表投入一个盒子。
- 第一次就医的病人在诊所进行注册。

你有没有认真地观察过组织是如何设计上述数据收集处的？这些数据收集过程又是如何展开的？如果你知道很多组织并不重视这些数据收集处的隐私保护的话，你可能会大吃一惊。

访客登记簿

访客登记簿通常会写明来访的客人需要登记哪些信息，访客在登记簿上填写自己的个人联系方式时，会不可避免地看到之前访客的个人信息，这很可能在未经之前访客授权的情况下泄露当事人的个人数据。可能有人会争辩说，之前的访客自愿给出了个人联系方式，并且也知道后来的访客会看到这些信息，这就等于给出了隐含同意。在某些情况下确实如此，但是如果访客别无选择，只能填写登记簿的话就不是如此。组织应该保护访客的隐私，比方说，他们可以：

- 重新设计访客登记表，使每位访客都填写独立的表格。
- 让访客在电子设备上提供个人联系方式，同时确保之后的访客无法看到前面的人留下的信息。

面对面收集信息

一位组织的代表，比如房地产销售人员或财务规划顾问可能会与潜在客户进行面对面的交流。这位代表会向潜在客户提问，从而更好地了解其需求。进行这样交流的最佳场所是一个封闭的房间，以免他人听到对话的内容。但有时双方可能没法做到这点，比如组织在公共场所或者半公共场所寻找客户的时候，又或者双方在展会的展位上交谈时。此时，组织应该确保其代表已采取恰当的应对措施，比如：

- 将交流的地点安排在尽可能远离主要人流的地方。
- 确保代表就这位潜在客户所做的记录不会轻易被周围的人看到。这一点通常被忽略，特别是在代表用笔记本电脑记录谈话的时候。

投放盒

零售店和购物中心通常设有投放盒，供购物者投入包含其联系方式和其他个人数据的幸运抽奖参与表。收集这些个人数据的组织应对这些数据加以保护，比如：

- 组织应为购物者提供一个能隔离其他购物者视线的填表区域，比如单独的柜台或桌子。
- 抽奖箱不应该有透明面，以免路人窥视到购物者的个人数据。
- 抽奖箱的开口应该为单向且形状狭窄，以免路人从盒子中抽出表格。

服务柜台

当今的商业文化推崇客户友好的理念，有些组织在设计办公室的时候不会在员工和客户之间设置屏障。潜在客户在提交申请表格时，很容易就能看到堆放在柜台后的其他表格。组织应该对这些个人数据加以保护，可以采取的措施有：

- 将申请表和其他机密文件放入文件袋。
- 将员工使用的电脑屏幕转到公众无法看清的角度。

我听过一个从数据保护的角度来看很有警示作用的案例。一位病人去诊所就诊，他比约定时间到得早，是当天第一位病人。等候室中没有其他病人，接待柜台也没有人值守，柜台上有一份病历。这位病人可以随手将它拿起来阅读或者带着它走出去。

从我分享的故事中我们可以看出，在很多寻常的情景中，组织很容易就能收集到个人数据。但是组织应该知道，数据保护法要求他们以保护个人数据的方式来收集个人数据。组织还应该知道，大部分人希望组织能在数据收集的过程中尊重他们的个人隐私。

基于这两个理由，在收集个人数据时，组织应该仔细考虑其运营环境，要求员工在收集个人数据时要谨慎小心，并采取有效的预防措施来保护个人数据。

建议

组织必须保护在各个数据收集处收集到的个人数据：

◆在收集访客信息时，避免后续访客看到之前访客的个人数据。

◇在面对面交流时，将讨论地点设在远离人流的地方，防止偷听。

◆在抽奖时，使用不透明的投放盒，防止泄露信息。

◇转动服务柜台的电脑屏幕，避免其进入公众的直线视野内。

◆任何时候都应有人值守柜台，不要将含有个人数据的资料随意摆放。

幸运大抽奖：
你有必要知道那么多吗？

有时，人们会花大力气在参与幸运抽奖的表格上准确地写下自己所有的个人信息，却没有质疑过提供这些信息的必要性。人们这么做的理由很简单，他们想确保自己一旦中奖，幸运抽奖的组织者可以很快联系他们，也能快速核实他们的身份。他们也想要确保自己不会因为没有提供组织方所需信息而失去抽奖资格。

有些幸运抽奖的组织者非常狡诈，他们了解并利用人们的上述心理，在抽奖参与表中加入额外的问题，而这些问题对于抽奖这一目的而言并不是必需的。组织获取这些信息是为了将来对个人进行定向营销。比方说，组织方可能会加入一些问题来评估参与者的时尚品位，或者他们对各种电子产品的好恶。

毫无戒心的参与者被迫提供组织方所需的信息，还担心如果自己提交了一份不完整的表格就不能参与抽奖。

但是这种情况也在发生变化。随着人们越来越了解数据保护法，个人开始挑战组织，思考是否有必要提供一些非必需的个人数据。幸运抽奖的组织者也没能逃过这些挑战。

个人开始要求组织给予他们选择，让他们自己决定是否要回答那些看似不相关的问题。在抽奖活动中，参与者要求组织者承诺不填写对抽奖来说是非必需问题的人也能参与抽奖。

中奖者个人数据的使用和披露

抽奖活动的条款中可能会声明，组织者会联系并通知中奖者。或者，组织者会在一个指定的日期在指定的地点公布中奖者的信息，然后中奖者联系组织并申领奖品。组织者应该征得获奖者的同意，允许组织联系他们或公布他们的个人数据。

如果组织选择通过公布个人信息的方式来通知中奖者，那么组织应该只披露部分个人数据，只要能让中奖者确认自己的身份即可。比方说，中奖者的姓名及其身份证的最后三位数字已经足以让中奖者确认自己中奖。

数据保护的经验

从上面的例子中，我们能看到数据保护法在实行时所遵循的三条原则：

- 不要过度收集个人数据。比如抽奖活动的组织者收集个人信息的主要目的是通过公告通知中奖者，并在他们前来领奖的时候验证他们的身份。
- 一位专家认为，组织者利用抽奖活动来收集营销相关的数据，即使提供数据的主体有不提供那些数据的选择，这一做法也可能违背数据保护法。
- 不要过度披露个人数据。

建议

幸运抽奖的组织者应该采取如下措施：

◆不要求个人提供非必需的个人数据。

◇允许参与者选择不提供非必需的个人数据。

◆通知中奖者时，只披露其部分个人数据供其确认身份，并对他们的身份进行验证。

销售合约中的个人数据过度收集

某人联系了一家保险公司："你好，我想要一份保险的报价。"

"没问题。在我们开始之前，能否请您提供一下出生日期和出生地，以及您母亲的姓氏？"保险公司的员工说。

"可是我只是想了解一下报价，我和贵公司没有签订任何保险合同。你为什么需要这些信息？"这个人问道。

"根据数据保护法，出于安全考虑，我们需要问这些问题。"该员工回答道。

收集个人数据的范围

这段对话是以爱尔兰隐私委员会接到的投诉为蓝本改编的。你对这段对话有什么看法?

根据数据保护法，一个组织不得收集与目的相比非合理非必需的个人数据。在这个投诉里，顾客投诉一家保险公司在她打电话询问一份宠物保险的报价时要求她提供过多的个人数据。

隐私委员会采取的行动是:

- 告知该保险公司，数据保护法没有要求组织在客户打电话询价时收集客户的出生日期、出生地和母亲的姓氏等数据——何况这只是一份宠物保险!
- 告知保险公司，公司收集的所有个人数据要与收集目的相关。
- 告知保险公司，其员工告诉顾客收集此类信息是数据保护法的规定，是既不正确又充斥误导的说法。

最终的结果是，监管机构要求这家保险公司在报价阶段停止身份验证程序，并承诺将来也不会在这一阶段过度收集致电者的个人信息。

数据保护法对销售组织的约束

销售组织想尽可能多地收集他们接触到的所有人的个人数据，这种愿望可以理解，因为从各个方面来说，潜在客户的个人数据是销售业务的生命线。

但是，正如上述案例分析中所指出的那样，基于数据保护法，组织应该考虑在整个销售周期的各个阶段中，哪些阶段是合理且必须要收集个人数据的阶段。要特别强调的是，在销售周期的早期，组织不应收集太多的个人数据。

我们提供咨询服务时注意到，很多房地产代理和财务顾问会在销售周期极早的阶段过度收集个人数据。

过分热心的房地产代理和财务顾问

在很多地区，房地产代理通常会要求潜在客户填写一张客户信息表，提供个人身份证号码、拥有的房产、之前的房产交易，甚至个人的财务状况。

如果这个表格的目的是让房地产代理有一份客户的个人记录，以便房地产代理在有合适的房源时联系客户，那么客户的姓名和联系方式是必需的，而身份证号码肯定不是必需的。

收集潜在客户的现有房产资料信息是不是合理的还有争论，但是某些一般信息可以合法索取，只要组织将收集这些信息的合理目的告知对方，同时组织在收集信息时要考虑采用对客户隐私侵犯最少的方式。比方说，不要询问个人拥有的房产细节，并作为评估其财富或者未来购买意向的方式，组织只需要求潜在客户指定其可能感兴趣的房产价格范围，也可能得到相关的信息。

在很多国家和地区，一些组织会要求财务顾问让客户先填写一张名为“了解你的客户”（KYC）的表格，然后才能为其提供财务建议。设置这一流程的目的，是确保该顾问充分了解客户的需求，进而提供适合客户的财务建议。

但是，个人的第一次咨询通常是非常简单的，比如询问该顾问负责哪些财务产品。和询问保险报价类似，此人所做的只是一个初步的咨询，为了确定是否要与组织进行更详细的交流。

但是很多财务顾问会在回复咨询之前要求对方先完成 KYC 表格，哪怕对方很明显只是想知道这位顾问销售给自己的财务产品是什么。

如果在销售流程中收集非必需的个人数据，这些财务顾问就违背了数据保护法。当然，他们也可能因此惹恼潜在客户，这对建立良好的客户关系没有任何帮助。

数据保护和建立销售数据库之间的紧张关系

确实，很多价格和基本信息咨询可能只是因为客户正在到处比价，试图寻找最佳价格。同时，销售组织非常希望建立数据库来开发潜在客户并在未来持续跟进，为他们提供可能感兴趣的其他交易。有时，双方接触的结果是组织完成了销售，如果此时组织已经收集了客户的个人数据，这对组织和新客户来说都是一件很方便的事情。

也许组织决定在销售周期的早期阶段就收集和使用个人数据征得客户的同意，而不是等到数据保护法允许时才那么做。但是，此时要特别注意建立数据库和惹恼潜在客户之间的平衡。下面是一个不错的例子。

“你好！我想了解一下，你们是不是能提供人寿保险产品？”某人这样问一位财务顾问。财务顾问回答道：“现在还没有，但是我们可能会在明年提供。我们还有一些由著名的本地银行提供的投资产品。您希望我们为您提供这些产品的信息吗？”客户说：“不必了，我现在对投资产品没有任何兴趣，我希望能尽快买上人寿保险。”“好的，明白了。您愿意加入我们的邮件列表吗？这样我们可以给您发送邮件，更新我们提供的产品。如果您不希望收到我们的邮件，可以随时退出邮件列表。”

与此类似，如果组织想使用在销售周期中收集来的个人数据，那么在获得此人的同意后是可以这么做的。组织应该告知对方这么做的目的，并获得对方对该目的的同意。没有人喜欢意外，特别是在涉及个人数据时。

不要将数据保护法视作销售的障碍，而要去理解、使用它，这样组织就能将它转化为一个优于对手的竞争优势。将自己定位成一个可信赖的顾问，可以让客户更加信任你！

建议

组织在收集潜在客户的个人数据时必须要做到如下几点：

◆在销售周期的早期阶段不要过度收集个人数据。

◇向个人解释组织为何收集他们的个人数据以及组织将怎样使用、披露这些数据，从而建立起信任。

◆如果需要将潜在客户的个人数据用于其他目的，要先征得他们的同意。书面同意是最好的，因为它是可被确认的。

◇保护组织拥有的个人数据。

移动应用程序和数据保护法

你会在你的智能手机和平板电脑上下载移动应用程序吗？要小心那些移动应用程序：它们所做的事情就相当于将你的设备以及设备中的所有个人数据交给了一个陌生人。

你的组织是否开发移动应用程序供客户使用？这些应用程序被客户下载后，是否会收集客户的个人数据？如果是的话，组织是否在隐私声明中提到了这一点？要注意，有些程序开发人员不问组织是否需要就自行在程序中加入收集个人数据的功能，但最终为违犯数据保护法的行为负责的是组织。

你会把你的手机或平板电脑交给一个陌生人，让他能浏览甚至修改你设备里的个人数据吗？当然不会。但你是否知道，每次你从安卓的 Play Store 或者苹果的 App Store 里下载一个应用程序到你的移动设备上时，会发生什么？

按下“我同意”这个按钮后，你可能就给出了权限，让这个应用程序去浏览甚至修改你设备里的个人数据和其他信息。有时候，如果你选择“我不同意”，就没法继续下载该应用程序。

全球监管调查

19 个国家和地区的 26 个监管机构在 2014 年 5 月进行了第二次全球隐私网络（GPEN）执法调查，他们选取了 1 211 个人们常用的移动应用程序，并对它们的数据和隐私保护措施进行了评估。该调查的关注点是：

- 应用程序要求的权限类型有哪些？
- 这些权限是否超出了基于应用功能而需要的范围？
- 最重要的是，应用程序如何向个人解释需要个人信息的原因，以及准备如何使用这些信息？

我们决定于 2015 年 8 月到 9 月在新加坡进行同样的调查。我们检查了 100 个人们最常用的本地应用程序。

我们将新加坡的调查结果和全球调查结果进行对比，结论如下：

- 全球被调查的应用程序中，75% 要求用户开通一项以上的权限。而在新加坡这一数字是 89%。
- 全球被调查的应用程序中，31% 要求用户开通的权限超过了调查人员所认可的范围。而在新加坡这一数字几乎翻番，为 58%。
- 全球被调查的应用程序中，有 59% 令用户在安装前对个人隐私表示担心。而在新加坡这一数字是 65%。

实际上，某些应用程序只是提供了财务顾问手册上的内容，却要求个人给出一堆权限，好让它们获取设备里的个人数据。还有一些应用程序提供交通服务信息，比如火车或公交路线，却要求访问使用者的手机、设备账号和应用历史等。有一个应用程序可供用户查看新加坡的公共假日时间表，却要求获取用户的位置信息、照片和文件。

我们认为，应用程序要求获得这么多权限的主要原因，通常是它们想将用户的电话号码和位置信息传给某个广告网络的服务器，据此跟踪用户并向该用户提供他们认为相关的广告；或者是应用程序开发者认为拥有这一应用程序的组织想要这样的功能，于是就在编程时自行加入了。

这项调查的结果对在新加坡提供移动应用程序的那些组织

具有深远的影响。这样的影响与过分的权限要求以及对组织收集、使用和披露相关个人数据的目的声明不充分相关。

首先，我们认为过分的权限要求会促使个人向监管机构投诉。这样的投诉会导致监管机构向组织发出指令，以确保组织遵守数据保护法。围绕着投诉和监管行为的公开宣传也会损害组织的名誉。

其次，我们在调查中发现，大部分提供移动应用程序的组织并未向用户通报他们的个人数据将被如何收集、使用和披露，这让事情更加糟糕。他们最多有一份“标准”的隐私声明，但事实上组织完全没有提及通过移动应用程序而收集到的个人数据。就好像负责隐私政策和注意事项的员工根本不知道组织在推广收集个人数据的移动应用程序。

下面这个表格列出了第二次全球隐私网络执法调查的结果。加拿大的隐私专员办公室（OPC）着重关注了151个在加拿大开发或加拿大人经常下载的应用程序。表格的前两栏分别列出了1 211个全球范围的应用程序和151个OPC关注的应用程序所要求的权限，第三栏列出了103个在新加坡开发的移动应用程序所要求的权限。

表 2-1　第二次全球隐私网络执法调查结果

	全球	OPC	新加坡
所有被调查的应用程序数量	1 211	151	103
要求一个以上权限的应用程序	75%	70%	89%
要求的权限			
位置	32%	22%	70%
联系人	9%	10%	7%
日历	2%	2%	8%
麦克风	5%	7%	4%
相机	10%	8%	29%
设备账号	16%	13%	52%
访问别的账号	15%	23%	49%
短信	4%	6%	12%
呼叫记录	7%	11%	2%
关于隐私的声明			
安装前隐私声明有问题的应用	59%	42%	65%
要求过多权限的应用	31%	28%	58%
整体的隐私标记			
0：没有隐私声明，只有要求给出权限	30%	11%	18%
1：隐私声明不充足，执法者不知道信息将如何收集、使用和披露	24%	15%	55%
2：隐私声明在某种程度上说明了应用程序会收集、使用和披露个人信息，但是执法者还是对某些权限有疑问	31%	46%	17%
3：隐私声明清楚地解释了应用程序会如何收集、使用和披露个人信息，执法者能了解应用程序的做法	15%	28%	10%

应用程序的安全风险

为了更深入地了解安全与隐私漏洞，我们与一家进行隐私和安全评估的公司 Appknox 进行合作，对这 103 个新加坡的应用程序进行了代码分析，其中包括基本编码实践、数据流以及 OWASP（开放网络应用安全项目设置）等。我们在安卓的应用程序中找到的三个最大的安全风险如下：

- 69%：通过 Javascript（一种编程语言）界面远程执行代码。这让黑客有权在根本不用物理触及设备的情况下远程代替用户采取行动。
- 61%：SSL（安全套接层）配置错误。SSL 是在网络服务器和浏览器之间建立加密连接的标准安全技术，能保证所有在网络服务器和浏览器之间传递的数据是私密、完整的。SSL 的错误配置会招致黑客攻击，泄露用户细节，这就意味着黑客可以拦截互联网连接。
- 52%：糟糕的加密。黑客可能会利用这点来获取用户的个人数据。

建议

下载移动应用程序时，用户应采取如下行动：

◆不要下载仅仅是“有也不错”的应用程序，某些应用可能让你的设备容易受到黑客的入侵。

◇下载应用程序时，要注意你授予的权限，不要过度授权。

◆一些免费的应用程序可能会将你的个人数据出售给广告商。

◇阅读应用程序的隐私声明，理解你的个人数据将被如何使用。如果开发者提供的信息太少或者根本没有相关信息，你要小心了。

◆只下载你信任的组织提供的应用程序。阅读其他用户对这一应用程序的评论，判定是否可以信任这个供应商。对涉及隐私和安全的投诉要格外注意。

◇如果你的设备用于工作目的，一定要遵守你所在组织的安全政策。

◆不要让你的孩子在你的设备上下载游戏。他们可能在不知不觉中将一些恶意软件下载到你的设备上。

过分热心的销售与市场技巧
带来的麻烦

如果你是一位必须让自己每年的销售指标都往上走的销售人员，那么你必须要找到新的方法去挖掘潜在的客户。

任何获得潜在客户的方法，如果不合乎数据保护法，只会让你和你的组织事与愿违。其中包括一些非法获得个人数据的“技巧”。不符合数据保护法的推销方法可能会在一段时间内奏效，但是毫无疑问，它迟早会为你和组织带来麻烦。

如果监管机构发现你所在的组织由于你的行为违背了数据保护法，监管机构就会对组织处以罚款。到时候，你还能不能保住工作就很难说了。

不可非法获取个人数据

按照我们的经验，销售人员经常因非法或秘密地获得个人数据而违背数据保护法，并惹上麻烦。他们会寻找“创造性”的方式来获得客户列表或潜在客户。

一位地产地中介和一位房地产投资有限公司的总监因违犯英国数据保护法而被判定有罪，人们发现他们非法获取租户的信息。

还有一个例子，某人非法地获得了参与在线游戏的玩家的个人数据，包括个人姓名、地址、电子邮箱、电话号码和用户名。2008 年他在一家以色列扑克公司工作时买下了这份名单，后来以约 25 000 英镑[①]的价格转售了这份名单，泄露了多达 65 000 名玩家的隐私，因此被罚款。

不可非法地访问客户数据库

Everything Everywhere（EE）是一家英国通信公司。一名担任三家营销通信公司的董事因非法访问 EE 的一个客户数据库而被罚款[②]。他通过假冒 EE 安全小组的成员，获得了 1 066

---

① 1 镑 ≈8.869 4 元。——编者注

② 参见 http://www.itv.com/news/calendar/update/2014-11-11/mobile-phone-network-director-fined-for-data-offences/。

位 EE 客户的密码和用户名。他之后登录进客户账户，查看他们需要升级手机套餐的时间，然后向这些客户定向投放关于他公司的广告。

一位信息专员说："这样的罚款没有什么威慑力，因为我们的个人信息很值钱。如果我们不想让人偷取、买卖我们的个人数据，那我们就应该让他们知道我们对待这样的事情有多么严肃，而这意味着那些最严重的犯法者应该被处以牢狱之刑。"

不可通过欺骗手段获取个人数据

有两个人想出了看似很有创意的方法来获得有效的销售名单[1]。他们将名单卖给想找到索赔案件的赔偿管理公司，而后者会将名单转给律师，律师再向赔偿管理公司支付佣金。

为了推广人身伤害索赔，两人发送了如下垃圾短信且没有标明该消息的来源。另外，他们并未提供一个有效的方法让收信方拒绝收到这些信息：

> 今天就索赔！出了事故就能拿到 3 500 英镑！免费索赔请回复 CLAIM。如要退订请回复 STOP。

---

① 参见 http://www.bbc.com/news/technology-20528301，垃圾短信二人组被罚款 44 万英镑。

大部分接收方忽略了这个消息。有几个人回复并咨询可以转售给赔偿管理公司的索赔。很多人想退订，但是他们的做法只是让这两人确认了他们的电话号码处于“活跃状态”，让他们的号码对这些人来说更有价值。这两人通过销售个人数据获利颇丰。监管机构对他俩处以 44 万英镑的罚金，虽然经上诉后，监管机构撤销了该处罚。

从公司的各个资源中整合客户数据

在为客户提供咨询服务时，我们发现组织销售部门的员工有时会从公司的所有资源中整合潜在客户的个人数据。

比方说，销售部门的员工可能会从组织的客户关系管理系统中下载个人信息。如果系统里没有，他们会在公司收到的客户咨询和客户服务数据库中下载客户的联系方式，以进行营销活动。

如果收到这些营销信息的个人并未同意将他们的个人数据用于营销目的，那么组织就可能违背了数据保护法。我们在指出这一点时，通常听到的回答是：“是的，不过应该没事，因为我们的邮件系统可以让用户选择不再接收我们发出的邮件。”

但问题是，让客户选择不再接收将来的邮件，并不是组织之前违背数据保护法的补救措施。

建议

组织在获取潜在客户的数据时，应该采取如下做法：

◆不得非法或者在个人不知情的情况下获取个人数据。

◇不得在未经授权的情况下访问客户数据库。

◆不得通过提供虚假或误导性信息来获取个人数据。

联系之前客户带来的麻烦

在提供咨询服务时，我们经常看到销售人员存在这样一种误解：他们认为自己“拥有客户”，即自己可以自由地使用客户的个人数据，包括之前客户的数据。但他们忘了，个人有权控制自己的数据被使用或者被披露的方式。

这一误解加剧了销售人员“联系之前客户”的现象，即销售人员来到新组织后，还会向他们在之前组织服务的客户进行营销。如果没有经过前客户的同意就这么做，他们所在的新组织通常会违犯数据保护法。

一位销售人员从组织 A 跳槽到了组织 B。此人用组织 B 的信笺给他在组织 A 服务的客户写了一封信。在信中，他说自己已经跳槽到了组织 B，并向客户推销组织 B 的产品。

该客户向监管机构投诉，因为无论是这位销售人员还是组织 B 都没有获得客户的同意，就擅自将他的个人数据用于营销目的。

监管机构要求组织 B 销毁该客户的个人数据，并认为组织 A 没能保护它所拥有的个人数据。监管机构建议组织 A 对员工合同中的数据保护部分进行修订，加入个人数据使用的特别声明，以避免歧义。

监管机构在报告中写道：

> 某些员工似乎存在一种误解，认为客户不是数据控制者（也就是他们的雇主）的客户，而是自己的客户。数据控制者必须清楚，如果他们使用了一位新员工从他的前雇主那里带来的数据却没有得到客户相应的同意，他们就违犯了数据保护法。

前员工保留的客户个人数据

一位人寿保险顾问离开了他的公司（组织 A），加入了另一家公司（组织 B）。他打电话给一位他在组织 A 时服务的客户，问她是否愿意将她在组织 A 的人寿保险转到组织 B，或者是否愿意在组织 B 开一份新的保单。

这位客户在与该顾问会面时没有带上她与组织 A 签订的保单文件。这位顾问说："没事。"然后打开了自己的笔记本电脑，调出了她所有的保单文件。

这位客户吓坏了，她的人寿保险信息居然还掌握在组织 A 的前员工手里，而且这位前员工现在在组织 A 的竞争对手那里工作，这让她很不开心。

客户与组织 A 就此事进行了对质，在这个过程中，她认为组织 A 没有以应有的严肃态度处理此事。后来，她向监管机构反映了此事，后者对组织 A 进行了调查。

组织 A 对监管机构表示：

- 组织的销售人员可以用笔记本电脑访问客户信息。
- 组织的数据保护政策规定，销售人员在终止与组织 A 的雇佣关系前，必须将笔记本电脑以及所有的公司记录和文件交还给他们的主管。
- 这位前员工违背了组织 A 的政策，没有归还笔记本电脑。

最终的处理结果是监管机构要求组织 A 实施新的政策，每隔 6 周自动删除所有办公笔记本电脑上的客户数据，而且一旦组织 A 终止了与某位销售人员的雇佣关系，其拥有的数据也会被自动删除。

结束语

我们可以从上述案例中看出，客户不一定喜欢与已经离职的销售人员接触，如果他们知道一位销售人员在离开原组织后还留有自己的个人数据会感到不安。

如果销售人员和客户的关系不错，可以将自己离开了原来的公司的消息通知给他们，在获得他们明确的同意后才可以继续使用他们的个人数据。

除此之外，销售人员履行对前雇主承诺的保密义务，还要确保自己遵守数据保护法。

建议

离开了前一家组织的员工，应该遵守如下原则：

◆离开组织时，遵守组织的员工离职要求。

◇除非获得客户的许可，不得带走客户的个人数据，或联系这些客户。

◆哪怕获得了同意，也要确保自己不会违背与之前组织签订的保密协议。

在员工离职和新员工入职时，组织应该采取以下做法：

◆要求员工签订保密协议书。

◇要求员工在离职时归还所有属于组织的资产及文件，并且确认他们没有保留文件复件。

◆采取技术手段防止已离职的员工远程获取组织的机密信息和个人数据。

◇不要使用或者披露由新员工带入组织的个人数据，除非满足如下两个条件：

◎相关个人同意组织就所声明的目的使用其数据。

◎新员工没有违背与前组织签订的保密义务。

◆确保所有的新员工受到了相关培训，了解他们在数据保护法以及组织数据保护政策的要求下应尽的义务。

审阅一下你的求职申请表，趁还来得及

不论是公司还是个人都是习惯的产物。我看到好多求职申请表收集了大量个人数据，人们却从未考虑过这样做是否符合数据保护法。这也是一个商业问题：如果某个求职者有很多职位可以选择，他从一家组织的求职申请表中得到的印象是这家组织已经过时，那他一定会优先考虑其他机会。

要求的信息已经过时

在我最近看过的求职申请表中，最过时的一个例子是一个组织要求求职者提供传呼机号码。传呼机？我敢说，在 20 年

前手机开始广泛使用时，传呼机就已经被淘汰了。

同样糟糕的是，我看到有不少组织还要求求职者填写自己的打字速度，即“每分钟打字的字数”。如今已经是 21 世纪了，组织还有必要询问求职者是否熟悉 Word、Excel 和 PowerPoint 吗？难道组织不是应该假定每个求职者都能使用这些现代技术，就像组织假定他们一定会使用电话一样吗？

公平的雇佣行为：只基于个人优点和职位需求做出选择

有些地区为保障公平雇佣行为进行了立法，有些地区推出了一些指导意见，而有些地区根本没有这样的正式要求。

但不论如何，现在被广泛接受的商业惯例是组织在选择和聘用员工时只应考虑他们的优点，如技能、经验及完成工作的能力，而不应考虑其年龄、种族、性别、宗教信仰、婚姻状态或是否残疾等。组织的选择标准应该与职位需求相关，公平客观地评价求职者是否适合该职务。

组织应该审查自己的求职申请表，删除那些对于组织决定是否邀请求职者前来面试而言非必需的要求。

下面是我经常在求职申请表中看到的不必要的要求。

- 求职者的身份证号码或护照号码。如果面试官需要确认求职者的身份，那么面试官可以在面试时要求求职者出示身份证或护照，并在其面试记录上写下自己已经确认了求职者的身份，不必要求求职者在申请表上填写这些信息。

- 求职者的出生日期、年龄、种族、性别、宗教和婚姻状态等。当然，基于求职者的教育背景，人们也能大概猜出他们的年龄。
- 求职者的照片。如果他们日后被聘用，组织可以在其入职后再收集他们的照片，用于门禁卡、公司的内网或者其他用途。
- 求职者的国籍、出生地、外国护照号码。在面试阶段，面试官只问这样的问题就足够了：“你是否可以在我们国家工作”或者“你是否需要获得签证或许可才能在我们国家工作”。

我听到过类似“你是否患有生理和心理疾病”这样的问题，更确切的问题也许是：“现在你是否有对完成工作的能力造成负面影响的生理或心理问题”。我也经常听到面试官问的问题是“你有驾驶执照吗”，而这个职位的工作内容和求职者会不会开车没有任何关系。

关于第三方的个人数据

我经常看到一些求职申请表要求求职者提供自己家庭成员

的信息，如果求职者已婚就提供配偶和子女的信息，如果未婚就提供父母的信息。各组织要求提供的具体信息各不相同，但通常包括家庭成员的姓名、出生日期和职业，偶尔也会要求求职者提供家庭成员的身份证号码。

家长可以同意组织收集、使用并披露他们子女的个人数据，但是：

- 对决定是否雇佣该求职者的组织而言，收集求职者子女的个人数据通常超出了合理范围。
- 未经许可，组织不允许收集求职者家庭成员的个人数据，而且在招聘的筛选和面试阶段，通常没有任何例外可用来要求获得求职者的这项同意。

求职申请表通常还要求求职者提供紧急联系人的姓名和联系方式。显然，为了做出是否聘用的决定，这一信息并不是合理必需的。

在某人被录用后，组织可以出于为员工提供服务的目的，收集、使用和披露其家庭成员的个人数据而不需要获得许可。这包括计算员工的休假期限，或者为员工和其家庭提供保险福利等。

建议

组织在收集、使用和披露求职者的个人数据时，应该采取如下做法：

◆出于商业原因，组织应该审核自己的求职申请表，确保其内容和要求没有过时。

◇为了不违犯数据保护法，组织应该删除求职申请表中对招聘而言非必需的要求，并调整那些与工作内容无关的问题。

◆考虑对求职申请表做出修改，让求职者书面确认他们已经获得推荐人的同意，允许组织与推荐人联络以取得参考意见。

为过度收集个人数据
给出理由并不能避免麻烦

很多刚接触数据保护法的组织正在制定数据保护政策，确保将其收集个人数据的目的与个人分享。但是，仅仅说明这些目的并不意味着组织就有权收集个人数据，组织还必须证明自己需要这些个人数据。

出于某个推断收集个人数据

一家商务楼的车位管理公司决定登记进出停车场的司机的

身份证号码，这让某位司机不悦，于是他向监管机构[①]进行了投诉。

车位管理公司声称，停车场和商务楼中出现了多起盗窃事件，因此公司是为了防止犯罪以及在案发后帮助警方侦破案件才实行这一政策的。公司表示，记录身份证号码符合警方颁发的指导方针。

但是问题出现了：管理公司无法提供证据证明停车场内发生了多起盗窃事件，也不能证明收集身份证号码后案件的数量就可以降低。监管机构还发现，警方颁发的指导方针适用于大厦的访客，而不适用于使用停车场的个人。

最终的结果是，监管机构认为该管理公司收集身份证号码的目的不合理，这种做法是对个人数据的过度收集，该公司应停止这种行为，并销毁所有已经收集到的身份证号码。

为提供从未存在过的优惠收集个人数据

香港一家主题公园的运营商要求个人在申请年票的时候提供自己的生日信息。一位申请人为自己和他的两个孩子进行申请时，就此要求向监管机构发起了投诉。

主题公园的运营商表示，成年人申请年票时需要提供出生

① 香港隐私专员办公室，案例号 2005C05，参见 https://www.pcpd.org.hk。

日期是为了让他们在出生的那个月份可以免费带一位客人入园游玩。

监管机构认为，运营商没有必要收集上述个人信息来确认持卡人是否可以换取一张免费门票。反之，他们可以现场检查持卡人的身份证，以此确认该持卡人是否能享受这一优惠。更糟糕的是，主题公园的运营商实际上并没有为成年持卡人提供与他们生日相关的优惠，而且这样的“免费带朋友入园”的优惠即使确实得以实施，也不适用于办理年卡的儿童。

最终的结果是，主题公园的运营商同意监管机构的意见：

- 在制定具体的优惠计划之前，停止向年票申请人收集生日信息。
- 对年票申请表做出相应的修改。
- 确保所有相关员工得到培训，使其遵守数据保护法的要求。

给组织的指导意见

数据保护法要求组织告知个人其收集、使用、披露个人信息的目的，但如果声明不公平或者太过分，组织还是会违背法律。

从上述案例分析可以看出，如果收集个人数据的目的是出于一个推断、一个假想场景或者是一个未来的需求，那么这个目的是不会被接受的。组织应该出于实实在在的目的，只收集其需要的信息

建议

组织在收集和处理个人数据时，应该采取如下做法：

◆不得基于纯粹的推断或假设而收集个人数据。

◇培训员工学习数据保护法及组织的数据政策和措施。一旦被投诉，要用证据支持自己的目的。

◆确保隐私声明公平且合理。

◇只收集自己需要的信息，达到想要的目的。

第三篇

个人数据的使用

让你陷入麻烦的，不是你不知道的东西，而是你确定，但事实并非如此的事情。

——马克·吐温

个人数据的匿名化：
这真的有用吗？

两位朋友躺在海滩上聊着世界大事，很快就聊到了“匿名”这个概念。

A：人们为什么会选择匿名呢？

B：这样其他人就不知道他们的真实身份，他们就能藏在秘密外衣之下说一些或做一些政府可能不允许他们说或做的事情。

A：比如？

B：你听说过“黑客活动家”的“匿名”小组吧？他们会入侵政府、宗教组织和公司的网站，丑化他们或者放出刻薄的抗议内容。通过这种做法，他们希望以正义或者为那些弱势群体争取权利的名义，揭露政府和公司的黑幕、丑闻或腐败行为。“匿名”小组中的人从未公开过任何名字。在公开露面时，他们会戴上面具，这样就不会被认出来。也许你看到过有人用假名在社交媒体上发表评论。他们觉得这样做能更自由地表达自己的观点，而不用担心被有关部门、利益团体或持异见者追查。

A：你是说，匿名和用假名不是一回事？

B：是的。如果某人匿名，人们就没法根据他的名字来识别他。所以如果他做了多件事情，人们就没法知道这些事情是否是同一个人做的。而如果某人用假名，虽然人们不能根据名字识别他，但是如果他用同样的假名做了多件事情，别人就会知道这些事情都是同一个人做的。

A：所以严格来说，使用假名不属于匿名，但两者都是个人用来隐藏身份的方法？

B：没错。如果要我对这两个概念进行比较的话，我会说，相比匿名，用假名隐藏个人真实身份的效果不怎么好。

A：到目前为止，你说的都是匿名的负面例子，有没有正面的例子呢？

B：有不少呢。比如一个富人想给某个慈善机构捐赠一大笔钱，但他不想让人知道自己的真实身份，因为他不想被采访，或收到一堆向他寻求帮助的信件和电话。因此他选择匿名捐赠，即使是接受捐赠的慈善组织也不知道他的身份。在研究领域，研究人员需要将抽样人员的原始数据进行匿名化处理，以确保那些敏感的个人数据不会被披露。毕竟，在大部分研究中，研究人员感兴趣的是所有数据汇总后呈现出的趋势、模式和结论，个体的身份并不重要。

A：如果如你所说，研究人员只对汇总数据感兴趣，那他们为什么在收集个人数据的时候还要收集那些个体的姓名、家庭住址以及身份证号码呢？

B：这个问题很好。这个答案取决于研究的类型，以及研究人员收集个人数据是出于研究的目的，还是出于其他目的。对于大部分研究项目来说，研究人员需要得到被调查个人的唯一身份识别信息。这样做有两个原因。第一，为了让该研究的研究结果被接受，研究人员需要证明这些数据来自真人；第二，研究人员在分析和整理他们的研究结果时，可能需要和其中某些人进行核实。有些研究项目中，研究人员不需要知道受调查人员的任何身份识别信息，这样的情形最常出现在该研究为纯粹观察性质的研究时。比方说，对公共交通的使用情况进行调查时，研究人员只要观察并统计在特定时间乘坐特定公共交通的人员数量，并将其分成男性、女性和儿童即可。

A：这倒挺有趣的。你说组织可能出于某个特定目的而收集个人数据，并在日后用于研究目的。这是什么意思呢？

B：打个比方吧。某志愿福利组织提供戒除瘾症（比如赌瘾）的咨询和服务。出于这个目的，该组织会从个人那里收集大量关于他们自己及家庭环境的数据。数据保护法规定，组织必须在不需要这些个人数据后销毁它们，或将其匿名化处理后继续使用。组织可能出于研究目的或其他类似目的使用这些数据，比如规划未来的服务或评估组织提供的辅导服务的有效性。要有效地进行匿名化处理，组织必须去除并销毁所有可能显示个人身份的数据。

A：我有点糊涂了。这是什么意思？

B：这么说吧。住在某地的林先生可以被标记为“1号男性”，住在某地的李先生可以被标记为“2号男性”，诸如此类。假定有这么一个表格，其中有两栏保存着真名和地址，还有另外一栏保存着“1号男性”“2号男性”。要对这些个人数据进行匿名化处理，组织应该删掉真名和地址两栏，并且不保存任何拷贝。这样，组织就无法确定“1号男性”和“2号男性”的身份。当然，这只是一个很简单的例子。根据不同的情形，组织可能需要删除更多的个人数据，比如此人的手机号码及身份证号码。为了避免令人不快的意外（比如违犯了数据保护法），对出于某个特定目的而收集的个人数据进行匿名处理时通常需要专家的帮助。

A：好吧，我懂了。但如果对数据进行了匿名化处理，组织如何确定再没有方法重新辨认出个人的身份呢？

B：大部分研究机构都有严格的政策和行为准则，要求研究人员在研究工作完成后删除个人数据中的唯一标识。当然，还有数据保护法。如果某人发现组织保留个人数据的时间超过了需要的时间，可以向监管机构投诉。

A：如果一个在线论坛正在讨论一些具有争议而且很敏感的话题，我想匿名发言的话，该怎么做呢？

B：通常在线论坛要求你有一个用户名，所以你可以使用一个你觉得不会透露你身份的假名。不幸的是，哪怕是假名，也没法完全保证你的个人身份永远不会被人识别出来。特别是如今这个高度互联的世界，你的移动设备或其他设备通常会显示你的位置。例如，有的人可以通过手机发出的信号或平板电脑里的 GPS（全球定位系统）来定位你的位置。有些设备和部件，比如借记卡有 NFC（近场通信）技术或 RFID（射频识别）功能。如果这些方法中的任何一个表明，晚上 10 点到次日早上 7 点半之间，你都在同一个位置，那么你的家庭地址就被定位了。你会说，我住在公寓里，其他人不可能知道住在这个公寓里的人中哪个才是我。但这再简单不过了，如果有谁要了解更多信息，他可以坐在公寓前观察，直到发现你的设备改变了位置，他还可以查你的汽车牌照，跟踪你到办公室，向前台打听你的名字或者通过你的汽车注册记录找到你的名字。

A：这让人毛骨悚然。也许我应该小心一点，尽可能关掉我设备上的定位功能，如果关不掉，我就要放弃那些设备了。

B：我觉得那样做会很不方便，而且并不一定能让你隐藏身份。因为你在访问互联网、浏览页面、发送电子邮件或在线购物的时候，会留下大量数字足迹，比如你的 IP（网络之间互联的协议）地址、下载到你电脑上的 Cookies（储存在用户本地终端上的数据）以及你访问的页面等。服务供应商可以利用这些信息在他们的数据库中进行匹配，然后轻而易举地识别出你。我记得在一次警方调查中，一家移动电话运营商被法庭勒令披露一群使用手机进行沟通的毒贩嫌疑人的身份。国际隐私专家协会（IAPP）报道称，只要知道个人的三条信息，即生日、邮政编码和性别就可以将其与公共记录匹配并识别出这个人的身份。

A：那太可怕了！我们不能懵懵懂懂地认为匿名或假名会保护我们不被认出。从现在开始，我们说话做事的时候必须非常小心。不如我们把今天讨论的东西放到社交网络上去，和更多的人分享？但是我们应该匿名、用假名还是用真实身份分享呢？

B：哈哈！这就要取决于我们想分享的内容和我们的受众了。

建议

组织和个人应该知道如何对数据进行匿名化处理：

◆去除个人信息中的唯一标识信息，或者将实际的数据值替换为其他数据。

◇不要认为匿名就安全了，因为人们可以将个人的相关信息与公共记录进行匹配，从而识别出其身份。

◆互联网和便携式智能设备让个人的使用习惯和位置变得更容易追踪。服务供应商可以将这些数据与他们的数据库关联，从而识别出个人身份。

小心个人数据被二次使用

我曾向当地的公共事业公司提出申请，为我的公寓开一个账户。在之前的租户搬出去后，我的公寓一直空着，现在准备重新招租。申请流程很容易，我要做的就是在公共事业公司的网站上填写一张申请表。于是我输入了那些需要提供的信息：姓名、身份证号码、公寓地址、电子邮箱和电话号码。到目前为止，一切都很正常。

直到我发现表格里的一项问题是询问我的种族。我实在不想提供这个信息：为什么开通一个账户需要知道我的种族呢？但是由于时间紧迫，我必须要在几天内开通水电，所以我还是完整地填写并提交了表格。

第二天，我给公共事业公司发邮件，希望他们澄清一下为什么公司需要知道客户的种族。一周后，公司回复了短短的一行文字，说公司的投资方需要汇总和分析这项信息。显然，公共事业公司是在为另一个组织收集种族方面的数据，但是不知道太多的细节。

我对这个回复很不满意，我直接写信给公共事业公司的投资方要求澄清。两周后，该投资方的某位代表回复说，种族数据与他们正在进行的用电情况研究有关。这让我更加好奇，因为我实在想不通种族和用电情况之间有什么因果关系。因为在读书的时候，我学到的是用电是由电器设备的数量、类型及使用时间决定的。

我之所以和大家分享这段经历是想提醒大家，作为给组织提供数据的个人，我们至少应该知道组织收集、使用和披露我们个人数据的目的。如果我们的主要目的是开设账户，公共事业公司就不应该收集超出这一目的的个人数据。更糟糕的是，公共事业公司在为第三方收集和披露个人数据，却没有获得客户的明确同意。哪怕该公司的投资方向客户保证，收集个人数据是出于研究目的，他们会进行匿名化处理，也是不行的。

建议

收集客户个人数据的组织应该采取如下做法：

◆将收集、使用和披露个人数据的目的告知客户。

◇不得收集非必需的个人数据，不得将已收集的个人数据用于未声明的目的。

◆不得使用出于非营销目的而收集的个人数据来开发新客户。

文件和个人数据上发生的糟糕事

你有没有丢失过包含个人数据的纸质文件?

英国发生过不少个人数据丢失或意外泄露事件，监管机构因此起诉了相关组织和个人。以下这些案例为我们敲响了警钟。

一位社会工作人员将含有敏感信息的文件遗忘在了火车上，因此当地政府某部门被罚了款。这位工作人员本来是想将这些文件带回家继续工作。后来，人们在铁路公司的失物招领处找到了这些与性侵案件相关的文件。

监管机构要求一家房地产中介签署一份遵守数据保护法的保证书，因为这家公司一直将含有个人信息的文件存放在透明袋子中，任何路过的人都可以清楚地看到纸张上面的个人数据。

监管机构对当地一个政府部门处以 25 万英镑的罚款，因为人们在一家纸张回收站中发现了该部门前员工的养老金记录，这是由于政府员工重复使用这些包含个人数据的纸张所致。

帮你避免做错事的小提示

1. 将文件标上“机密”字样。

如果你的工作需要你经常外出，而且处理客户的个人数据是你工作的一部分，那你最好将机密文件存放在一个不透明的文件夹或信封中，并且在上面盖上“机密”字样的印章。

你可能会问：“我为什么要警示别人我带着一个敏感文件呢？”组织应该有保密政策，决定不同级别的员工能接触到的文件类型。因此，在办公室，人们如果翻阅他们不被授权阅览的机密文件，就会违反该政策。

如果你将机密文件遗失在公共场所，机密警示可能会被一位好心人看到，并将这个文件送回你的办公室。想象一下，如果没有“机密”字样这个提示可能会发生什么？

2. 妥善保管包含个人数据的文件或袋子。

如果你要处理客户的个人数据，你就必须保护好这些个人数据，不乱放、不弄丢。我总是在一个拉好拉链的背包中放进雨伞、笔记本和机密文件。当我要看或要用什么的时候，就把它从包里拿出来，看完或用完后再把它放回去。如果我要把这些东西分开放置，我肯定会因为心不在焉而丢掉什么东西，如果运气不好，弄丢的可能是很重要的机密文件。

如果你的工作需要你经常外出奔波，你要想出一个适合你的方法，避免将机密文件遗忘在火车上或咖啡馆里。

3. 不要因循环使用纸张而泄露个人数据。

我们对客户的数据保护措施进行现场检查时，最常发现的情况是含有个人数据的纸张被放在一起，准备循环使用。有时这些纸张会被放在回收桶里并由另外一个组织拿走，有时则会被放在回收托盘中供内部使用。

保护环境当然很重要，但是保护个人数据是数据保护法规定的法律义务。组织要想节约纸张，又不想让组织面临违犯数据保护法的风险，还是有别的方法的。比方说，组织可以把打印机设置为双面模式，这样一来，只要文件超过一页，机器就会自动进行双面打印。

4. 安全地销毁含有个人数据的废弃文件。

组织应该及时粉碎含有个人数据的文件，或让合格的供应商帮忙粉碎。永远不要随手将含有个人数据的文件扔进废纸篓，也不要扔进会由另外一个组织拿走的回收桶里。有些所谓的纸张回收组织说他们会将纸张粉碎后再循环使用，但实际上他们是将一部分纸张直接出售。

如果你要打印或者复印含有个人数据的文件，应确保不管出于什么理由，都不能在打印机或复印机那里留下废弃或印刷有误的文件。

5. 搬家时也要小心。

我们知道，有些人需要经常出外勤，因此他们会把一些文件存放在家中。如果你也是这种情况，那么你在搬家时就要注意了。

人们在处理旧东西的时候比较随意，可能会直接将其扔进垃圾桶，或让其他人来拿走，不关心后续情况。但是你随意扔掉的旧东西可能碰巧是以前交易的记录，里面包含其他人的个人数据。你应该粉碎这些文件，或交由合适的服务供应商帮你销毁。

6. 提交或者归档个人信息时要小心。

不管是你急着要赶在最后期限之前提交文件，还是要将文件移交给另外一个人，你应该采取恰当的安全保护措施。

永远不要将含有个人数据的文件放在别人的桌子上，或放在开放的收件托盘中，因为你永远不知道谁会走过并看到这些文件。他们可能是组织的其他员工，但这不意味着他们有权查看这些文件。

建议

处理个人数据或其他机密信息的组织和个人应该：

◆确保所有包含个人数据的纸质文件上都已标明“机密”字样。

◇针对所有包含个人数据的文件制定相关政策，从而确保员工在传递文件的过程中不会泄露个人数据。

◆确保组织不会因循环利用纸张而造成任何个人数据的泄露，相关文件应予以安全销毁。

◇如果你需要经常外出，不要随意丢弃个人数据，交给别人时不要任其暴露，也不要以不安全的方式提交给某个组织。

纸质文件：组织的阿喀琉斯之踵

报纸上经常会报道最近发生的数据泄露事件，说得好像组织才是神秘黑客的受害者。有时，报道中会提到监管机构正在调查此类数据泄露事件，有时也会告诉我们监管机构正准备对组织采取行动。但我们不怎么经常听到的后文是，如果员工当时有所作为，这种数据泄露事件根本不会发生。也就是说，数据泄露不是什么神秘黑客犯下的卑劣罪行，而是员工不小心或者出于恶意造成的事件。但不管怎么说，在商界和政界，“网络安全”正受到关注。

实际上，纸质文件才是众多组织的阿喀琉斯之踵：尽管纸质文件似乎看起来更安全，但它们会真正或潜在地引发数据泄露。

我们来看看统计数字，了解发生了什么

波耐蒙研究院（Ponemon Institute）向 584 名 IT 专家询问数据泄露是如何发生的，并于 2012 年 1 月发布了一篇名为《数据泄露的后果》的研究报告。66% 的调查对象提到，员工或其他内部人士是组织的敏感数据的最大威胁。

对 2013 年到 2014 年间发生的 1 500 例数据泄露事件的调查表明，纸质文件是两个最常见的泄露源之一，占整体原因的 24%。

本书写作的前一年，我们为 50 家新加坡和马来西亚的客户进行了数据保护措施现场检查，这些被检查的客户大部分是中小企业。我们认为，这些企业最大的数据泄露风险与包含个人数据的纸质文件相关。我们列出了四个风险最高的地方（不包括 IT 基础设施）：

- 73% 的组织中，机密信息和个人数据被随意堆放在桌子上，其他员工很容易接触到这些信息。
- 68% 的组织中，复印机旁留有打印文件。
- 50% 的组织中，电脑或其他移动设备没有锁屏，文件柜没有上锁，或者虽然上了锁但钥匙留在了上面。
- 33% 的组织中，包含机密信息的纸张被扔进了废纸篓或回收桶。

你看，纸质文件的风险就这样被人们忽视了。这些情况发生在对数据保护法有着足够认识的公司中，他们的管理者要求我们对其数据保护法执行情况进行审核，或者会派员工来参加相关培训。我们只能猜测，其他组织的结果只会更加令人担忧。

降低风险的方法

上文提到的问题很容易解决，我们建议的保护措施也非常直白。

我们的审核方法，包括数据库安全评估和组织内个人数据流动分析，然后是现场检查，即检查那些进行个人数据收集、处理和保存的地方。上面提到的那些问题仅通过观察就能被发现。

那么，我们的建议是组织应该定期进行现场检查，及时发现运营中的风险。组织可以指定经过相关培训的员工或者有相关资质的外部顾问进行现场检查。对很多组织来说，纸质文件是随时都可能爆炸的定时炸弹！

建议

在处理包含个人数据或其他机密信息的纸质文件时，组织和个人应该：

◆不能忽视纸质文件的数据泄露风险。

◇进行现场检查，找到和纸质文件相关的风险。

◆针对现场检查中发现的风险制定相关政策来消除或降低风险。组织应该确保所有员工接受过培训，并能正确地执行这些政策。

◇制定一个日程表，进行定期检查。

电子文件在交换和共享时的潜在风险

你需要用到云存储服务吗？你经常通过邮件与组织内的其他员工或者第三方分享个人数据吗？

如果是的话，你要小心，而且至少要遵守下面的三个要求。

1. 组织的信息安全政策

你需要知道你所做的事情是不是组织的信息安全政策所允许的。如果这些信息安全政策没有提到员工是否可以使用这些类型的云存储服务，我们建议组织对其进行修订：要么允许员工使用云存储服务，并包含要求员工遵守的其他条款，要么禁止员工这么做。

虽说加以禁止可能会给员工带来不便，但总比现在不闻不问，在出现问题后对员工横加指责好。

2. 数据保护法

你应该了解数据保护法是否允许你这么做。数据保护法要求组织保护其拥有或控制的个人数据。

3. 行业规章制度

你还要知道适用于该组织的行业规章制度是否允许你这么做。比如，你所在地区的央行可能对组织使用云存储服务做出了要求。

文件交换和共享带来的风险

大部分使用文件共享服务的用户或通过电子邮件分享文件的人并不清楚，如果只使用这些服务的基本功能，可能会造成数据泄露，损害组织的安全性。

在美国进行的一次调查中[①]，大约61%的调查对象承认，他们经常会：

- 发送未加密的邮件。
- 没有按照组织的政策删除机密文件。

① 引自波耐蒙研究院《坏事大起底：不安全文件分享的风险》，2014 年 10 月。

- 不小心将文件转发给那些没有权利查阅它们的人。
- 在工作场所使用个人共享软件。

组织面临的主要风险包括：

- 黑客可以访问员工的文件分享系统并存取组织拥有的数据。
- 员工将包含个人数据的文件通过电子邮件分享给未经授权的其他员工或第三方。

2015年，新加坡的报纸报道了一件事情：一位老师不小心将该校每名学生的个人数据发送给了家长，包括1 900名学生的姓名、出生证号码，以及他们家长的姓名、电话号码和电子邮箱。

以下一些建议能让你在交换和分享文件时获得合理的保护。当然，在某些特定场合，比如要分享的个人数据非常敏感时还需要更多的保护措施。

1. 登录云服务时使用双重认证或多重认证。

比方说，Dropbox（多宝箱）和Google Drive（谷歌云端硬盘）都提供若干可选的安全功能，其中之一是双重认证。启用双重认证后，如果想要登录云服务，你就必须在输入常规密码后再输入一个一次性的安全口令。

双重认证的好处是，哪怕别人知道你的 Dropbox 或 Google Drive 的密码，他们也没法登录你的账号，除非能获取发送到你手机上有时间限制的安全口令。

2. 将文件加密或用密码进行保护。

如果要分享包含个人数据或其他机密信息的 Microsoft Office（微软办公软件）文件或者 PDF（便携式文件格式）文件，你要用密码对其加以保护。相关的应用程序会提醒你在保存文件时设置一个密码。

一个高强度的密码能防止黑客或其他没有获得授权的人打开你的文件。但是，你也必须保护好你的密码。比如在需要告知客户密码时，选择打电话告知或用短信发给对方。如果没有别的选择而必须用邮件告知密码时，你可以单独写一封邮件。

有时你可能需要分享护照或驾照的图片，这些当然是敏感的个人数据。图片文件不容易加密或用密码保护，因此，你可以先将图片文件嵌入 Word 文件，再用密码保护这个 Word 文件。水平比较高的用户可以考虑用专门的加密工具来加密文件和文件夹[①]。

3. 验证收件人邮箱是否正确，抄送时要小心。

“把邮箱地址写对”听上去很简单，但是很多人还是会一不小心把邮件发给错误的对象。很多电子邮箱有自动搜索和自动

---

① 要获取提示的话，请访问 Lifehacker 的站点：http://lifehacker.com/five-best-file-encryption-tools-5677725。

补充功能，在你输入的几个字母后能自动补充邮箱地址，但这可能会导致错误。如果你经常发送包含个人数据的邮件，请关掉这个功能，消除这个风险，否则你就必须特别小心，尤其是在你匆匆忙忙发送邮件的时候。

如果邮件或邮件的附件里包含个人数据，那么你在选择"抄送对象"时要非常小心。如果有一些人需要看到邮件中的消息，但不是所有人都需要（或有权）看到附件中的个人数据，那么你在发送邮件时不要加附件。你可以单独发一封包含那个附件的邮件给那些需要或有权看到这些个人数据的人。这会降低数据曝光或泄露的风险，也能让你遵守组织的数据保护政策。

4. 保护收件人的个人数据。

有时你需要给多个人发送邮件，包括要发送包含个人数据附件的情况。花点时间想一下，让每个收件人看到其他人的电子邮箱是否合适，以及让每个人都知道还有谁会看到邮件中附件里的个人数据是否合适。

你可以把所有收件人放到密件抄送中去。这样收件人就不会知道其他收件人的电子邮箱，也不会知道还有谁能看到邮件中附件里的个人数据。

5. 检查并确认你在和谁分享，分享了什么链接。

如果使用 Dropbox、Google Driver 或其他文件分享服务来分享文件，你需要给分享对象发送一个链接。由于你只能看到一个链接，有时你会很容易忘记和谁分享了某个特定的文件，也不知道他们会将链接转发给谁。

要留意你分享了什么文件，并确认谁能访问，也要注意你授予接收者的权限，比如他是不是有编辑文件和添加新文件的权限。

你应该定期检查共享文件和文件夹的存取权限，及时取消不再使用或不再需要的链接。比方说，Dropbox 能让你看到你和谁分享了什么文件，你可以很容易地判定哪些文件或文件夹还应该（或不应该）继续访问。

建议

组织和个人在分享和交换含有个人数据和其他机密信息的文件时应该采取如下预防措施：

◆确保你的组织允许使用云存储服务。

◇使用双重认证、密码保护和加密等保护措施。

◆确保自己输入正确的收件人电子邮箱地址，也要注意一封邮件需要同时发送给哪些人。想一想是否要用密件抄送功能而不是抄送功能。

◆保持共享文件和链接的更新。经常进行清理，在不需要的时候及时删除含有个人数据的电子邮件。

公共可获取数据真的可以被自由使用吗？

数据保护法要求组织在收集、使用和披露个人数据之前要获得相关个人的同意，但是这一要求也有例外。

一个典型的例外与“公共可获取数据”有关。为了更好地说明这一点，下面我先来介绍一些典型的公共可获取数据。

- 政府及公共服务部门的记录。比如房地产记录、公司注册记录及破产记录。
- 上市公司在年报以及证券交易所的备案文件中披露给公众的信息。比如，其董事和高级管理人员的薪酬。
- 在公共场合拍摄的照片和视频。注意，在公共场合举办的仅受邀访客可参加的私人聚会中拍摄的照片和视频不是公共可获取信息。另外，从公共场所拍摄的非公开场所的视频和照片也不是公共可获取信息（比如，在街上透过房子的窗户拍摄房子内部情况）。

- 在报纸或网上刊登广告提供产品或服务，或者寻找产品或服务的人的联络方式。
- 个人在社交媒体上发布的面向公众的个人信息。

有人可能会问："如果在上述情形中不用考虑相关个人的同意，是不是意味着任何人都可以不受限制地使用这些公共可获取数据？"

这个问题的答案很重要，特别是从销售的角度来看的话。如果答案是"可以"，那么这些丰富的个人数据简直就是市场营销人员的宝库。但不幸的是，答案通常是"要看情况"。

公共可获取数据不会自动赋予组织或个人任意使用或披露这些数据的权利。有时候，组织宁可因保守而错失机会，也好过收到投诉，甚至被起诉。

"要看情况"是有一些原因的，对于特定的环境和特定的信息需要具体分析。公布个人数据的组织可能会限制其用途。比方说，政府部门或公共服务部门在公布个人数据的时候，可能会加上特定的授权或使用条件，也可能只允许购买数据的个人和实体使用，并禁止他们向第三方转售这些个人数据。使用或披露公共可获取信息前，组织和个人必须确保自己检查了相应的条款和条件，并遵守这些条款和条件。

组织必须知道个人是基于什么目的而公开自己的相关数据。在报纸上做广告寻求一辆特定规格汽车的人，可能会容忍别人看了广告后向他们推销另外一种规格略有不同的车。但是他们肯定不会容忍别人试图向他们推销保险或理财产品。数据保护法可能允许组织收集并使用这些人的个人数据而无须征得其同意，但从商务的角度看，如果这些人认为组织不应该这么做的话，组织的营销手段只会收效甚微甚至会适得其反。

建议

◆组织应该了解，他们通常没有权利任意使用或披露公共可获取数据。

◇使用和披露公共可获取数据时，组织要考虑到如下因素：

◎授权或使用要求。

◎数据所有方的目的。

数码复印机的秘密和风险

你对复印机有所了解吗？这些机器以前采用的是模拟拷贝技术，即通过机器内置的一面镜子将文件的图像拷贝到硒鼓上，然后在静电作用下，墨粉会形成硒鼓上的图像。到了2002年左右，数码复印机上市。一开始，和模拟复印机相比它们非常昂贵，但是随着技术越来越普及，数码复印机变得越来越便宜。数码复印机内置了一个硬盘，能将文件扫描并保存在硬盘中，然后用激光打印出保存的图像。

现在，复印机已演化成一台多功能机，在办公环境中提供集中式的文件管理、分发和生成服务。除了复印功能外，一台典型的多功能机还能打印、扫描，发送电子邮件和传真。

最近，我和一位同事提起这事，他认为只有非常高端的复印机才是数码的。哈哈，他可说错了，数码复印机无处不在。这也意味着如今几乎每台复印机都有一个硬盘（和你用的电脑一样），可以保存机器复印和扫描的每个文件的图像，但是大部分人不知道这件事。

几年前，美国哥伦比亚广播公司的首席调查记者亚门·科特杨（Armen Keteyian）前往位于新泽西州的一家仓库，想看看买一台存满文件的二手复印机有多困难。结果他发现这些二手复印机就是“一枚定时炸弹，装满了高度敏感的个人数据，比如社会安全号码、出生证、银行流水单、所得税表格等”。对于那些搜集个人数据的人来说，这里简直就是一个金矿。

美国卫生与公共服务部曾在2013年对亲和健康计划公司（Affinity Health Plan Inc）处以120万美元的罚款，因为这家公司违犯了健康保险流通与责任法案：他们在将租来的复印机还给租赁公司时，并没有清除硬盘上的数据。

了解了复印机的技术原理后，你就知道每次用数码复印机复印、打印、扫描或传真一份文件时，都会有一份该文件的副本存放在复印机的硬盘里。

因此，当组织不再拥有这台复印机时，应该安全地删除复印机硬盘上的数据。否则，组织可能没有满足数据保护法的要求：保护组织拥有或控制的个人数据。

如果你是一位销售人员、中介或顾问，你是否会使用客户办公室、酒店商务中心或者其他公开或半公开场合里的复印机？如果是，你现在应该知道这台复印机基本上是一台数码复印机，你使用它处理文件后，它的硬盘上会留存一份该文件的副本。这样的话，个人数据可能会被未经授权地披露给任何对复印机里的硬盘进行检查的人，使你陷入没能遵守数据保护法的风险。

我们在为客户进行现场检查时，发现下列常见的操作失误可能会导致个人数据泄露。

- 打印机或复印机上有没收好的打印件或复印件。
- 扫描仪或打印机里留有原始文件。
- 不想要的打印件被扔进了废纸篓。
- 已经打印有个人数据的纸张被循环使用。
- 带有电子邮件功能和召回功能的不安全的复印机。

除了要避免上面的错误操作，负责采购的员工应该至少采取以下安全措施，以确保数码复印机里硬盘上的数据的安全。

- 租赁或采购合同中应该要求硬盘加密，并采用重写保护技术。
- 租赁合同中也要约定复印机的销毁流程，在租赁到期时要求出租方移除硬盘，并加以销毁。

建议

使用数码复印机的组织和个人应该采取如下预防措施：

◆在组织不再拥有数码复印机时，移除复印机中的硬盘，或者安全删除里面的数据。

◇不要使用客户办公室里或向大众开放使用的复印机，你应该只在自己的办公室里复印文件。

◆废弃的打印件必须被安全地粉碎。

◇对复印机供应商或租赁方进行必要的尽职调查。

◆在复印室实施安全保护措施，防止数据泄露。

第四篇

个人数据的准确性和完整性

做对事情花费时间少，要解释为什么做错会花更长的时间。

——诗人亨利·沃兹沃思·朗费罗

我告诉学生，在交流时他们不必做到精确，但是如果他们想得到尊重，就必须精确。

——教师佐伊·莫罗西尼

错误的身份验证方式

某天，我心平气和地在自动提款机前排队准备取点现金。轮到我的时候，机器不接受我的银行卡，屏幕上显示“读取您的卡片时出现错误”。

失望之余，我走进银行去解决这个问题。在客户服务柜台，一位年轻的新员工接待了我。她把我的银行卡放进她的机器中，确定是卡片的磁条出了问题。她表示能在10分钟内给我换一张新的银行卡，但是需要先确认我的身份。我觉得这是一个很好的安全保护措施，于是认认真真地遵照她的指示做了。

这位新员工从银行的数据库中调出了我的记录。验证过程如下：

新员工："先生，您的名字是 ××× 吗？"

我："是的！"

新员工："您的身份证号码是 ××××××××× 吗？"

我："是的！"

新员工："您的生日是 × 年 × 月 × 日吗？"

我："是的！"

新员工："谢谢您，先生！我现在会给您发一张新的银行卡。您可以在这台设备上输入您新的密码。"

她的验证方式让我有点惊慌，于是我给她提了一个免费的建议，告诉她应该如何进行身份验证。我对她说，她应该反过来问：

"先生，您的姓名是？"

"您的身份证号码是？"

"您的生日是？"

我向她解释，如果按照她的询问方式，某人完全可以在捡到我的银行卡后，要求银行重发一张新的银行卡，而他根本不用知道这张卡到底是谁的。这位新员工可能为他大开方便之门，让他访问我的银行账户，继而拿走我所有的存款！

我从这位新人那里还得知，银行缺少人手，因此她没有受到太多培训就被安排上岗，这让我更加震惊。

组织应该知道，在整个安全系统中，人通常是最薄弱的那一环。因此组织应该确保所有的员工受到培训，知道正确的身份验证流程，避免对客户个人数据进行未经授权的访问，或无意间向错误的人披露客户的数据。

建议

在验证客户身份时，组织应当：

◆让客户提供自己的个人数据，员工将这些信息与组织的记录核对。

◇训练所有员工以正确的方式验证身份。

正确的身份验证方式

我和银行、信用卡发行商似乎有点“纠葛”。我经常要给他们的客服打电话，以解决账单中的一些错误，比如一些并不属实的额外收费，我想取消但他们并没有给我取消的费用，他们同意进行修改但没有修改的项目，等等。

以前我打热线电话的时候，接电话的客户服务人员会问我三个问题来验证我的身份：身份证号码、出生日期和手机号码。如果这三个信息和组织保存的记录吻合，我就可以处理所有与我账户相关的事情。

最近，银行和信用卡发行商加强了身份验证过程。因为他们意识到，要获得一个人的上述这三个信息实在是很容易。比方说，人们经常在抽奖或注册时主动提供这些信息。

因此，银行和信用卡发行商现在经常会多问一个问题来验证客户的身份。比如，“您在我们这里开了几个账户”，“这个账户上挂了几张副卡”，“您在我行有几张银行卡”等。

有一次，我拨打某银行的热线，准备激活该银行寄到我家中的一张新的银行卡时，真的被难住了。客服问我：“您是哪一年在我行开户的？”我试着和客服理论，我这个账户是很多年前开的，我实在记不清是哪一年了。

客服很耐心地帮我回忆，她问道：“您是不是在什么地方有这方面的记录呢？”我说没有，客服接着说：“抱歉，先生，我没法通过电话激活您的新银行卡。您需要带着您的银行卡和身份证到我们银行进行身份验证，验证成功之后才能激活这张卡。”

我会因为要抽出时间跑去银行来完成这一简单的步骤而感到不满吗？当然不会！

相反，我相信这家银行会妥善地处理我的个人数据。因为它用严格的程序来验证客户的身份，甚至在电话中拒绝为客户提供相关服务。这家银行在个人数据保护方面赢得了我的信任，它采取了必要的保护措施和验证程序来保护它掌控的个人数据。

此外，银行还对员工进行了良好的培训：员工知道在客户没能通过严格的身份验证程序时，如何拒绝为之继续提供服务。

建议

◆验证客户身份时，组织应该不只询问出生日期和身份证号码等问题，还要提出一些个性化问题。

◇如果客户没能正确回答出附加的问题，组织应该拒绝为之服务，直到客户证实自己的身份为止。

错误地处理个人数据可能带来的麻烦

某天，一位同事给我讲了个笑话，笑话是这样的：

一个男人收到邻居的一条信息："不好意思，老兄。你不在家的时候，我成天成夜地用着你的妻子（wife）——可能比你用得还多。我现在觉得很内疚，希望你能接受我真诚的歉意。"男人看完立马开枪杀死了他的妻子。过了几分钟，他收到了邻居发来的另一条消息："对不起，先生。拼写错误，是 Wi-Fi，不是 wife。"

这个笑话中，一个小小的拼写错误造成了一场本不该发生的大灾难。在现实生活中，像笑话中那样愚蠢的错误或其他的书写错误能让组织陷入法律纠纷之中。

准确性义务[①]

所有的数据保护法都包含个人数据准确性义务，它要求组织确保其收集的个人数据是准确完整的。

虽说如果出错也不至于有人送命，但监管机构会对组织或个人进行金钱和其他方面的惩罚。根据违反程度或造成损害的严重性，惩罚也是不同的。

如果组织制定了政策和措施来避免这些错误，并培训员工，使其知道犯错的后果，以及如何落实组织的数据保护政策，这些事情就不会发生。我们来看几个例子。

1. 用移动设备发送了错误的文字信息。

如果你用移动设备发送包含个人数据的文字信息，那要小心，因为有两个因素会轻而易举地增加你犯错的风险。

- 你因太过匆忙而出错。
- 使用设备上内置的文字联想功能。

① 在有些地区，这被称为“一致性原则”。

联想功能并不像你想象中的那么准确，它会把你想打出来的单词替换成你根本想不到的单词，从而形成完全不同的意思：比如把 Wi-Fi 变成了 wife。

姓名和数字也适用前述逻辑。发送之前，你要再次检查文字信息，特别是其中包含个人数据时。

2. 把个人数据发送给了错误的人。

如果你经常要用邮件发送个人数据，你应该认真检查联想功能为你提供的列表，然后再选择邮箱地址。或者，更好的做法是不要使用联想功能，手动输入邮箱地址。

我们中有多少人用电话、传真中的历史记录或事件日志来回找一个之前的联系人，却得到了错误的信息？

我收到如下短信时，一直在想发送方是不是因为文字联想功能而发错了人，或者发送方只是输错了电话号码。

尊敬的 ×××：

我们批准了你购买 ××× 房产，金额为 ××× 的贷款。

请与我们联络以便我们安排贷款支取和结算事宜。

我认为应该告知他们这个错误，就回复道：这条消息你们发错了人，请将我的手机号码从你们的记录中删除。

令人不可思议的是，对方居然回复道：我们不能与你沟通，除非你的消息中包含你的 PIN 码。显然，发送这一信息的员工没有受过关于遵守数据保护法的培训。看起来，他甚至不知道他向我披露了另外一个人的个人数据，他们的组织也因此违犯了数据保护法。

3. 错误地认为两个同名同姓的人就是同一个人。

在处理个人数据时，如果两个人名字相同时，你要特别小心。在相对较小的数据库中，姓名的重复率高得惊人。

为了进行电子邮件营销，人们经常会在数据库中匹配、合并一个名字，或者搜索某个特定个人并为其提供服务，但这么做总存在不准确性。你应该先验证信息，再找找别的辨别信息，从而确保你选择了正确的那个人。

结束语

先进的技术能为我们节省几秒钟的时间，但是也将我们暴露在违犯数据保护法的风险之下。所以，在处理个人数据时，技术不能替代操作者的小心和准确。你需要检查再检查，以确保数据是正确的。

建议

在使用或处理个人数据时，个人应该：

◆在使用移动设备或电子邮箱的文字联想功能时，要非常小心地输入文本。

◇在使用文字联想功能在你的列表中选择电子邮件地址时，要认真检查。

◆用移动设备发送包含个人数据的文字信息时要小心。

◇处理同名人士的个人数据时要特别小心。

身份证号码：
个人数据泄露中的主要薄弱环节

在某些国家，每个公民或永久居民都有一个唯一的标识信息。该标识信息由政府分配，用于工作、税收、政府福利和其他政府相关功能等目的。由于“功能演化”，它也被用于其他目的，包括商业目的，有时它甚至成为其他标识的替代物，比如组织中表示成员身份的号码。

在新加坡，这个国民标识信息会伴随一个人的一生，至少是从个人获得公民身份开始直到死亡。在如今的大数据时代，这样的标识符对于经济和金融来说是非常重要的。比方，印度就开展了一个大型项目，为所有居民分配这样一个国民标识信息。

隐私保护的提倡者对唯一标识信息表示担忧。因此，哪怕有些国家的数据保护法并不对敏感个人数据和其他个人数据进行法律上的区分，国民的标识信息通常还是被认为是敏感个人数据。

不管怎么说，在具备国民标识信息的国家中，人们快速地说出自己的身份证号码或在被要求时出示身份证而不做询问的情形十分常见。他们随意地允许服务供应商复印自己的身份证并进行记录，或者将自己的身份证交给商务楼的保安以换取通行证。

这些做法的坏处是，他们无意间向一个外人（无论他是否可被信任）提供了自己的敏感个人数据。

做法也在改变

随着时间的推移，数据保护法会产生效果，个人会越来越清楚保护自己身份证号码的重要性，不会在不清楚理由和目的前将其披露给外人。组织也要改变做法，不要再坚持使用身份证号码作为识别个人的默认方式。数据保护监管机构通常会建议组织，在不必要确认个人身份时，采用在当时场合下可行的其他个人身份识别方式。

有一次，我去一家救济中心申领一份免费的礼物。客服人员要我提供我的身份证，我问为什么。客服告诉我组织会复印一份作为记录。我说我对交出自己的身份证感到不安，客服毫不犹豫地说："不交也可以。"

另外一次，我第一次走进一家医学专家的诊所。接待员要我填写一张表格，需要我提供姓名、身份证号码、出生日期、住址和电话号码。我说我不想提供我的身份证号码。接待员说："那也没问题。"

遵守数据保护法

从数据保护法的角度出发，我在前文提到过，组织需要改变他们对个人标识的要求和形式。另外，数据保护法还要求组织履行别的义务，比如保护身份证号码这样的个人数据。

组织需要审查其业务措施：

- 不是必要时，不应该从个人那里寻求身份确认。
- 如果看一下身份证就已经足够，组织不应该复印并留存个人的身份证。
- 只要有可能，应该使用不那么敏感的形式来进行标识。比方说，手机号码通常就足以区分两个重名的人。

建议

组织应该谨慎处理个人的身份证号码：

◆身份证号码就像是个人数据的“总钥匙”。

◇如果可能的话，应该使用其他形式的标识方法，比如手机号码。

第五篇

个人数据的物理安全和环境安全

IT 安全就像是锁上房子或车子。这么做没法让坏人止步，但已经足以迫使他们转向另一个容易一点的目标。

——战略专家保罗·赫布卡

你不能怪罪防火墙和入侵检查系统，你只能归罪于人。

——企业家达里尔·怀特

办公桌桌面：通往数据隐私之门

仅看一个人的办公桌，我们就可以知道此人的一些情况。如果桌面干净整洁，此人做事应该有条理、系统化、一丝不苟。反之，如果桌面很杂乱，那么此人做事应该没有条理、毫无章法。不过有些人会辩解说，这是因为他们富有创造力，思路是非线性的。

我之前有一位同事，他的桌面是我见过最乱的，没有谁能看到他桌子的表面。他的桌面上总是层层叠叠地堆放着纸张、打开的文件、翻开的书籍、文具、空的咖啡杯以及其他物品。大家都奇怪他怎么能在这一大堆东西里面找到需要的东西。终于在他不在的一天，几位同事决定帮他整理桌面，我们都觉得这是帮了他一个大忙。可是他休假回来后，非但没有感谢我们，反而大发雷霆，因为他什么东西都找不到了。原来，在看似“混乱”的状态下，他有一套自己的系统来确认什么东西被放在了什么地方。我认为他属于完全异于常人的情形。大部分情况下，我们会听到桌面乱糟糟的人抱怨说：“我这个找不到了！那个找不到了！”

我为什么要分享这个轶事？从信息安全角度来看，如果你看不到你拥有的东西（比如个人数据和其他机密文件），你可能就不会知道自己丢了什么。而如果你找不到你拥有的东西（比如你的员工卡），那也可以说它们丢了。

如果你要离开几分钟，又不清理桌子上的所有个人数据和其他机密信息，那么其他人——同事、清洁工以及其他服务供应商——都能看到这些信息。

这就是信息安全专家通常会提到“办公桌清理政策”的原因。

什么是“办公桌清理政策”？

系统及网络安全协会（System and Network Security Institute）是一家美国私人商业公司，专注于信息安全和网络安全的培训。他们认为“办公桌清理政策”能保证所有敏感、机密的信息在不被使用或者员工离开工位时被带走或锁好。

系统及网络安全协会提倡的主要措施有：

- 要求员工在当天工作结束后或者准备离开一段时间的情况下，确保所有纸质或电子形式的敏感信息安全地存放在他们的工作区域。
- 如果工作区域没有人，那么电脑屏幕必须被锁上。
- 工作日结束后，电脑必须全部关闭。
- 如果办公桌前没人或工作日结束，所有机密和敏感信息必须被锁进抽屉。
- 获取机密和敏感信息的钥匙不能留在无人值守的桌子上。
- 笔记本电脑要么设置密码，要么锁在抽屉里。
- 密码不可以写在便利贴上，然后粘在电脑上或者压在电脑下，也不应该写下来留在一个开放场所。
- 打印出的材料如果包含机密和敏感信息，应该立刻从打印机那里拿走。
- 销毁机密和敏感文件时，应该使用粉碎机加以粉碎或者锁进机密文件销毁柜。
- 大容量存储设备，如 CD-ROM（只读光盘）、DVD（数字通用光盘）和优盘必须安全地放进上锁的抽屉中。
- 所有打印机和传真机必须在打印后清除纸张，以确保敏感文件不会被留在打印机托盘中，被他人拿走。

“办公桌清理政策”确实很有道理，它降低了个人数据或其他机密信息被乱放、弄丢和被未经授权的人存取的风险。

如果组织里的所有员工都能认真地按照“办公桌清理政策”行事，他们可以在工作一天后安心地离开办公室，组织的信息安全也能得到保障。

建议

◆组织应该有一个“办公桌清理政策”，确保员工得到培训，理解并遵守这一政策。

◇“办公桌清理政策”将个人数据或其他机密信息被乱放、弄丢和被未经授权的人存取的风险降到最低。

◆组织的所有员工都应该认真地按照“办公桌清理政策”行事。

公共电脑中潜伏的危险

很多人，如房地产销售员、财务顾问和独立销售代理等都会在路上工作，对他们来说，使用组织的公共电脑进行交易，通常是最容易也是最便捷的方式。

在使用公共电脑工作前，请你先回答5个重要的问题。

（1）你是否确定你的用户名和密码没有保存在任何应用程序里？

（2）退出电脑时，你是否删除了你的历史浏览记录？

（3）你是否会避免在公共电脑处理财务或其他敏感的个人信息？

（4）你是否会清除从电脑上传或在电脑上下载的所有文件？

（5）离开电脑的时候，你是否记得退出？

如果你对这些问题的回答中有一个是“否”，那你可能没有遵守数据保护法，在无意间向那些未经授权的人泄露了自己和你客户的个人数据。

永远不要在浏览器、应用程序中保存密码

你可能会问：“我怎么可能那么蠢，在公共电脑上保存密码？”答案是你可能在无意中这么做了，尤其是你正为多个任务分心的时候。

在登录账户时浏览器可能会提示你是否需要保存密码。如果在家，你可能经常会选择“是”，那么你可能会出于本能选择“是”，而忘了你正在使用公共电脑。这样的话，你就把你的用户名和密码留给了在你之后使用这台电脑的其他用户。

如果你不小心犯了这个错误，那么可以通过如下做法来加以纠正[①]。

- Firefox：打开“工具”，选择“选项”—“安全”—“保

① 以下针对各浏览器的做法与实际操作有所不同，这可能是由于浏览器版本不同造成的。——译者注

存的密码”，删除特定项或所有项。

- Internet Explorer：打开“工具”，选择“Internet 选项”—“内容”—“自动完成”—“设置”—“删除自动完成历史记录（D）”。
- Google Chrome：单击 Chrome 的“控制面板”，选择“设置”—“显示高级设置”—“密码和表单”—取消选中“提示保存网络密码”。
- Safari：单击 Safari，选择“偏好”—“自动填充”—取消选中“用户名和密码”。

你要养成保护隐私和身份的习惯。如果浏览器的自动保存功能是打开的，请不要忘记提醒 IT 管理员或负责人及时在所有公共电脑上加以修改。

此外，你还应该在退出公共电脑前删除你的浏览和搜索记录。

假设你在访问了一个提供癌症治疗建议或提供贷款的网站后没有删除记录，下一位使用这台电脑的用户可以通过浏览你的搜索记录，大致推断出你的状况。

你也许不在乎别人是不是知道你访问了什么网站，但这么做是在给自己找大麻烦，特别是如果你访问了网上银行又在无意间保存了你的用户名和密码。

所有流行的网络浏览器都有一个私密浏览功能，也被称为

“隐私模式”或“匿名模式”。它不会缓存个人的浏览内容。出于安全考虑，你在使用公共电脑访问网站时，最好使用私密浏览功能。

另外，删除Cookie也是不错的做法。Cookie是一个小软件，允许服务器（网站）在用户自己的电脑上保存服务器方面的信息，记录用户偏好以及访问了哪些页面。

简而言之，不要在公共电脑上留下你的任何踪迹。

在退出公共电脑前，你应该清除所有上传或下载到这台电脑中的文件，这不用强调，是不是？但是我们经常发现有人将文档拷入电脑（因为此人要发送邮件或打印这个文档），却忘记删除。这种事情太常见了，我们也对此感到诧异。

在审核中，我们发现好多电脑里有包含个人数据的文档，包括交易文件、申请表，甚至有身份证的图片。通常，这样的文档轻易地指认了是哪位代理或销售人员因未能保护好个人数据。

最后我要提醒的是，你在离开公共电脑前一定要退出个人账户。这是一个很基本的要求，但我们确实发现有好多人忘记这样做，或者懒得这样做。如果你运气好，你的机构或组织有重启或自动退出功能，可以立即重置账户并启动退出过程。哪怕你只是离开公共电脑一小会儿，比如去另外一个房间拿份文件，泡杯茶，去洗手间都应该退出账户。要安全，而不要后悔。

建议

使用公共电脑的人应该特别小心：

◆永远不要在浏览器和应用程序中保存密码。

◇退出电脑时，删除自己的浏览和搜索记录。

◆使用浏览器的私密浏览功能，保护浏览历史的隐私。

◇清除所有上传到或下载到电脑中的文件，不要忘记清空回收站。

◆离开电脑前要退出。

开放式办公室：对窥探发出了邀请

现在的现代化办公室，就像是一个由比邻排列的隔间构成的迷宫。每一位“居住”在里面的员工都可以自豪地说，那是他们自己的一个私密小空间。这种开放式办公室的概念，据说能促进员工间的交互和团队合作，尽管也有将那些昂贵的办公室地产空间加以最大化利用的好处。

我们为顾问客户进行过多次现场检查，即走进他们的办公室，找出潜在的信息安全风险。从这些检查中，我们总结了不少经验。下面是一些小提示。

办公室隔间的布局

在开放式办公室，我们通常会注意到的第一件事，就是组织中不同部门的员工或分配在不同项目的员工坐在相邻的隔间中。他们很容易进行交流和合作，但是也很容易越过隔板看到同事在忙些什么。在这种情况下，组织的员工可以无意或有意地看到了同事的纸质文件上或电脑屏幕上的个人数据和其他机密信息，而他们可能并没有权限这么做。组织应该对办公室隔间的布局进行规划，从而避免这种情况。

有的组织因为空间限制不能做到这点，在这种情况下，组织必须进行风险评估，在进行如此布局的成本和违犯数据保护法的风险之间达到平衡。

很多时候，组织可以通过培训每位员工如何保护个人数据和其他机密信息来降低员工和组织违犯数据保护法的风险，然后进行常规的审核来确保员工真正地执行着这样的保护措施。保护措施要求员工做到：

- 在电脑屏幕上使用特制的隐私保护屏。
- 离开办公桌时，将个人数据和其他机密文件锁在抽屉或文件柜中。

良好的办公室设计

人事部门和财务部门的员工通常要处理高度机密和敏感的信息。有些组织将他们安排在单独的办公室，进入这些专门的办公室要使用特别的门禁卡，而这些卡片只发给在相应部门工作的员工。这是一个很好的做法，降低了非人事、财务部门的员工未经授权获取高度机密和敏感信息的风险。但是，前文中提到的几点建议对人事部门和财务部门同样适用。也就是说，不是所有的人事和财务部门的员工都有权知道所有的个人数据和其他机密信息。

有些组织中，人事部门和财务部门有各自独立的办公室，这些独立办公室的门在工作时间都是开着的，因为其他部门的员工会不时向人事部门提交医疗证明或者向财务部门提交报销单。

在一些组织，负责处理医疗证明和报销单的员工有时会坐在离房门很远的地方，因此，进来提交医疗证明或报销单的其他部门员工不得不走过一长排隔间来到这位专职员工面前。在这个过程中，他们会看到人事部门或财务部门员工桌子上的个人数据或其他机密信息。

组织应该禁止其他员工进入人事部门与财务部门的办公室。组织必须严格执行这一政策，比如在门上贴上醒目的标识——“仅限 ×× 部门员工进入”，这样其他员工就不能说不知道有这个要求了。

组织还可以让需要提交医疗证明或报销单的其他员工通过上锁箱子的单向投入口提交这些文件，就像往邮筒里寄信一样。箱子的开口应该足够窄，人手不能伸进去取出任何纸质表格或文件。组织可以将这个箱子放在人事部门或财务部门入口的墙上。这样，其他员工根本没有必要进入部门办公室。

办公室安全

我们看到，有些组织将开放式办公室的概念推行到了极致：任何走进办公室区域的人都不用在访客本上签到。所有人只需走到前台，说想要见谁，然后在等候区等待那人出现即可。

理论上，这个做法似乎很有道理。但在现实中，如果任何时候前台都只有一个工作人员值守，陌生人能很容易地绕开前台直接走到办公桌那里（因为为了内部员工走动方便，所有的门都是开着的）。陌生人从暂时离开的员工办公桌上随便拿走没有收好的机密文件简直易如反掌。

作为第一道防线，组织应该在前台或等候区和办公室工作区之间安一道上锁的门，门上挂好“禁止进入”或者“非请勿入”的标识。

在开放式办公室，员工很容易获取他们未经授权获取的个人数据和其他机密信息。比如，销售人员可以和财务部同事接触，详细了解自己最近赚了多少钱。我们在一家客户的办公室发现，其王牌销售人员会坐在财务同事边上，后者在电脑屏幕上向他展示需要的信息。这位销售人员也可以看到其他销售人员（同时也是与他竞争最佳销售的同事）的信息。财务部门的员工至少应该遮掉其他销售人员的信息。

更好的做法是，财务部员工请销售人员在等候区等候，然后提取出那位销售人员需要的信息交给他，销售人员根本就不该进入财务部门的办公室。

在公共区域处理信息

在开放式办公室，组织应该培训员工，如果没有得到授权，任何员工不应在公共区域——也就是向组织内所有员工开放的区域——展示任何个人数据或其他机密信息。

我们在进行现场检查时，注意到了以下不安全的做法。

- 一位客户的办公室里有一个大型电子屏，上面显示了每位销售人员的业绩数据。该组织的意图是要激励销售人员，让他们更好地表现。但是其他不属于销售部门的员工也可以看到这些信息。业绩不那么好的员工会有什么感受？这么敏感的信息应该封闭在销售部门的四面墙壁之内。

- 在另一位客户的办公室，我们发现其会议室的架子上整齐地堆放着含有机密信息的文件。没有任何方法阻止访客或未经授权的员工翻阅这些文件中的机密信息。
- 在另一位客户的办公室，我们发现机密文件被放在敞开的架子上。我们还发现销售人员的薪酬凭条被放在未封口的信封中。组织应该用带锁的信箱替换敞开的架子。信箱应该有单向的投件口，只有信箱的主人才有钥匙打开。

建议

为了保护办公室中的个人数据和其他机密信息，组织和员工应该做到：

◆处理高度机密或敏感信息的员工应该有独立的办公室，禁止其他员工无故入内。

◇要求所有访客在前台签到。

◆除非有员工陪同，访客活动范围应仅限于等待区域。

◇只向提出请求的员工展示相关的个人数据和信息。

◆更好的做法是，让提出请求的员工等在机密工作区域以外，等待信息提取。

◇不要将机密文件留在前台、服务台或者收发托盘中。

◆不要公开展示只与特定员工相关的机密或敏感信息。

◇不要在访客可以直接接触到的开放架子上存放机密文件。

智能设备：个人数据和隐私的新挑战

科幻喜剧广播连续剧《银河系漫游指南》于 1978 年首播，后来被改编成其他形式，并被翻译成 30 多种语言，成为一个国际化的多媒体现象。其核心物品“漫游指南”是一个小型便携设备，可以在银河系中搜索任何东西的信息。

自从苹果公司在 2007 年推出第一代 iPhone（苹果手机），如今的智能手机已经具备了个人电脑的所有功能。另外，智能手机用户还能通过网络在全球进行通话，个人电脑可做不到这点。

智能手机极大地改变了我们的生活，成为我们生活中不可或缺的一部分。

智能手机带来的隐私新挑战

智能手机给组织以及负责隐私和信息安全的员工带来了很多新挑战。

智能手机内置的相机和录音机让用户可以快速捕捉个人数据和其他机密信息，而他们可能无权将这些资料带出办公室。更糟糕的是，一位访客在无人陪伴的情况下进入办公室后，能够轻易拍摄无人值守的办公桌上的机密文件，或者电脑上显示的机密信息。

在开会的时候，某人可以偷偷地打开智能手机上的录音功能，记录会议中讨论到的敏感问题。演讲者转过身或者低头看稿的时候，人们可以用智能手机拍摄大屏幕上的个人数据和其他机密信息。

在某次董事局会议中，我注意到，做会议纪要的人几乎不怎么进行记录，但是讨论飞快地进行着。怎么回事呢？原来此人开启了智能手机上的录音功能，记录下了一切。我根本没注意到他打开了录音功能，因为他的手机就这么随意地放在会议桌上。

组织至少应该采取以下措施来防止用户和访客在办公室区域内时，用智能手机拍摄机密文件或者记录对话：

- 在显著位置，特别是在可能有外人在场的会议室张贴告示，提醒大家如果没有获得负责人的许可，不要拍摄任何照片或记录任何对话。
- 提醒员工，离开办公桌哪怕只是一小会儿，也要合上机密文件，关上电脑，防止那些未经授权的人查看。
- 如果访客需要进入高度安全和高度受限区域，请访客把手机寄存在前台。

可穿戴电脑的曙光

处理完智能手机带来的隐私困扰后，组织以及负责隐私和信息安全的员工还不能放松警惕，因为越来越多的智能设备正源源不断地被推向市场。

如今以智能手表形式出现的可穿戴电脑已成为主流。虽说这些智能手表的功能还很局限，但已经包括了双向通信。市场上已经出现了激光笔，它可以一行一行地扫描文件并将其数字化。

谷歌眼镜于 2014 年面世，穿戴者与互联网的交互通过自然语言进行。因为能拍照和录像，谷歌眼镜在那些担心隐私被侵犯的人中间引起了轩然大波。2015 年 1 月，谷歌眼镜下架。2015 年 12 月，谷歌开始了新一版谷歌眼镜的开发。

展望不远的将来，我们会看到更复杂的可穿戴电脑。科幻小说作家长久以来的梦想正走向市场。纽扣、袖口、夹克衫上的胸针可以起到相机和录音机的作用，只需轻轻一挥，特制的手套就能将纸质文件数字化……这些都已经是科学能力范围之内的事情了。

组织和负责隐私及信息安全的员工必须跟上技术的发展，熟悉并战胜全新的数据保护和隐私挑战。

建议

为了防止人们用智能设备拍摄机密文件或记录对话，组织应该：

◆在显著位置张贴告示，提醒大家如果没有获得许可，不可拍摄照片或录音。

◇提醒员工在离开工位前合上机密文件，关上电脑，防止那些未经授权的人查看。

◆如果访客需要进入高度敏感区域，请访客把手机寄存在前台。

第六篇

个人数据的存储、保留以及清理

过去6个月中，我们看到很多档案公司开发数据保护技术……我们也看到很多搜索引擎公司想方设法来获取这些信息。

——分析师布雷恩·巴比诺

钓鱼（Phishing）是个大问题，因为人类的愚蠢是没有补丁可打的。

——微软公司项目经理迈克·唐赛里奥

你重视移动设备上的隐私吗?

某天我在脸书上看到了一则赞助商的广告——“新的应用，知道你所有的朋友现在在哪里”。按照广告的说法，“如果你的朋友正好就在附近”，这个可以在 iPhone 和安卓上运行的应用程序会通知你，“这样你们就可以约起来了”！

我点开“评论”一栏，意外地发现众多负面评价：

“这个广告简直就是胡扯！”

“哈哈哈，隐私概念已荡然无存！”

“毫无隐私可言！”

“谁知道我是邀请了一个盯梢者还是一个杀手？”

“好可怕！”

尽管这个移动应用程序的开发商花钱在脸书上做了不少广告，但由于大家的印象是该应用会侵犯个人隐私，推广效果适得其反。

移动应用程序中的隐私和安全问题

很多人担心此类应用程序会侵犯自己的隐私，因此对这样的广告感到厌烦。但当我们把应用程序下载到手机或平板电脑上时，还是不会三思而后行。颇具讽刺意味的是，我们可能已经面临了这样的隐私和安全问题，却一无所知。

事实上，惠普公司曾对600多家公司提供的2 000多个移动应用程序进行了检查，并发布了一份《移动应用程序安全漏洞报告》。报告指出：

- 测试的移动应用程序中，90%存在某种形式的严重安全漏洞。
- 97%的移动应用程序存在某种隐私问题。
- 86%的移动应用程序缺乏基本的安全防护措施。
- 75%的移动应用程序没有进行正确的数据加密。

虽然这份报告主要针对定制的商务应用程序，但我们可以推断从苹果的App Store或谷歌的Play Store上下载的应用程序也有同样的问题。我们不知不觉地允许很多应用程序访问我们数据，但从应用程序本身的功能来看这些都是不必要的。

为什么一个游戏应用程序要访问你的通讯录？一个天气应用程序需要以你名义发送邮件的权限？如果你在下载应用程序前阅读了使用条款或隐私声明，你会发现它们要求此类的许可。

很多应用程序要求我们授予权限，允许它将我们的个人信息披露给第三方，有些应用程序甚至会出售我们的个人数据，因为我们已经允许它那么做了！

不然，你凭什么认为我们能免费使用这个应用程序呢？

很多组织允许员工用自己的手机访问公司的邮箱和应用程序。在这种“自带设备”的情形中，这些安全和隐私风险对雇主和员工都可能产生严重的影响。

大部分情况下，我们会把商务目的和个人需要混在一起。所以，我们安装的应用程序很容易模糊这条界线，使组织的数据和个人数据都处于风险之中。

由于好多这类应用是免费的，而且是由不在乎隐私和安全的开发者编写的，于是问题就更严重了。他们在编写的应用程序可以获取你移动设备中的所有数据，因为这比编写特定的代码简单多了。

根据Statista（数据统计资源网站）于2013年发布的报告[①]，每个智能手机用户平均安装了26个应用程序。但这是一个全球性的数据，在某些国家，这一数字还要更高。韩国是最高的（40个），其中有37个应用是可以免费下载的，这就说明韩国的隐私风险很高。

问题来了：你的手机上安装了多少应用程序？它们的隐私和安全性如何？

建议

下载和安装移动应用程序时，我们应该：

◆小心会入侵你隐私的移动应用程序。

◇避免在移动设备上下载免费的移动应用程序。

◆在下载应用程序前，一定要阅读其使用条款或隐私声明。

◇遵守组织的数据保护政策。

① 参见 http://www.statista.com/chart/1435/top-10-countries-by-app-usage/。

人是组织中最薄弱的环节

我们决定对近期所有的大型数据泄露事件加以分析，看看人为错误是主要的直接原因还是间接原因。

2014 年：数据泄露大爆发之年

我们先看看以下这些涉及数以百万账号的数据泄露事件，它们都发生在 2014 年。

- 摩根大通银行：7 600 万个家庭和 700 万个小型企业受到影响。

- 易贝（eBay）：1.45 亿人受到影响。
- 家得宝：5 600 万张支付卡受到影响。
- CHS 社区卫生系统公司：450 万人受到影响。
- 迈克尔斯商店（Michaels Stores）：260 万人受到影响。
- 尼曼百货公司：110 万人受到影响。
- 史泰博办公用品公司（Staples）：115 家零售店中的销售终端受到影响。

怪不得波耐蒙研究院的一份调查报告的名字是《2014 年：数据泄露大爆发之年》[①]。

人为错误：数据泄露的主要原因

我们略微深入地看看上述几次数据泄露事件。

1. 摩根大通银行。

摩根大通银行的一位在家办公的员工成了网络钓鱼的牺牲品。

钓鱼是一种很常见的黑客技术。受害者被引诱去点击伪装成来自可信赖机构，但实际上是恶意的链接。在这些链接的背后，是各种偷取用户密码的电子手段，或者让黑客偷偷控制用

① 参见 http://www.ponemon.org/local/upload/file/2014%20The%20Year%20of%20the%20Mega%20Breach%20FINAL3.pdf。

户计算机的恶意代码。

这位倒霉的员工犯了人为错误，点击了这样一个链接，然后，黑客通过该员工的电脑侵入了银行的网络。

2. 易贝。

按照易贝的说法，发生此次数据泄露是因为网络黑客破解了一小部分员工的登录密码。这就让黑客得以进入易贝公司的网络。

我们还是可以将其归因为人为错误。因为虽然我们不知道密码被破解是因为恶意软件还是钓鱼攻击，但很明显，公司并没有设置额外的安全措施，如双重认证。

3. 家得宝家居建材零售商。

家得宝遭遇了有史以来最大的零售卡违约事件——恶意软件入侵了它的零售终端系统，当支付卡在被入侵的终端系统划卡消费时，黑客就能从中偷取数据。

问题是，这个恶意软件是怎么进入到家得宝的零售终端系统里去的？这很明显是人为错误。

4. 塔吉特超市。

塔吉特的数据泄露发生在 2013 年年末，影响了超过 7 000 万人的个人数据，包括支付卡号码。

一家塔吉特超市的空调承包商可以访问塔吉特的 IT 系统。一次成功的钓鱼行为使黑客获取了这家承包商的登录密码。该密码可用于访问塔吉特的内部承包商计费系统。从那里，黑客又访问了塔吉特管理账务系统的服务器，并获得了塔吉特内部网络的访问权限。然后黑客将恶意软件上传到塔吉特的零售终端系统，用它收集了数百万张信用卡卡号，并在黑市上出售。

这次攻击至少涉及两个人为错误：承包商犯了错，使得钓鱼攻击有机可乘；塔吉特的内部系统缺乏管理，让黑客得以安装恶意软件。

员工可能让组织惹上法律麻烦

发生以上数据泄露的组织中的员工都是可信赖、会最大限度地保护个人数据的员工，但还是出现了数据泄露事件。

我们接着研究了一份公开的调查报告，看看员工或其他内部人士成为数据泄露直接原因或间接原因的比例。我们的研究成果如下。

- IBM（国际商业机器公司）安全部门2014年的网络安全情报指数[①]显示，超过95%的数据安全事故是由人为错误造成的。

① 参见 http://www-03.ibm.com/security/services/2014-cyber-security-intelligence-index-infographic/index.html。

- 益博睿公司（Experian）的数据泄露行业预测报告[①]指出，员工和疏忽是导致数据安全事故的主要原因，却是被报道最少的问题。按照一位高管的说法，益博睿公司在 2014 年调查了 3 100 起数据泄露事故，“81% 的事故的根本原因是员工疏忽”。

造成这些事故最常见的原因是员工丢失了管理员用户名和密码，但也有存储介质丢失、防火墙不安全和笔记本电脑丢失等原因。

- 从监管的角度来看，英国信息专员办公室（ICO）的报告表明，93% 的数据泄露事件是由人而不是机器造成的。2014 年 4~6 月间发生的所有数据泄露事件中，有 1/4 涉及个人数据无意中丢失或被破坏。
- 波耐蒙研究院对 584 名 IT 专业人士进行了研究，这些人的组织在 2012 年都发生了数据泄露事件。
  - 34% 是由于内部人士的疏忽。
  - 16% 是由于内部人士的恶意。

因此，该研究中 50% 的数据泄露是由组织的内部人士引起

① 引自益百利 2015 年第二次年度数据泄露行业预报（Experian’s 2015 Second Annual Data Breach Industry Forecast）。

的。如果将第三方的内部人士考虑在内，这个数字将接近70%。

不管你选择参考哪份报告的数据，人为因素都是数据泄露的主要原因。

操作合规的重要性

我们预计这些重大数据泄露事件和不断发展的新兴技术，如大数据、云计算、社交媒体以及“物联网”等会带来更大的监管压力，推动政府出台更严格的数据保护法。

亚洲和欧盟的组织需要面对新的法律要求，但是上面的例子已经说明，组织仅仅遵守法律还不够，关键是要做到操作合规，以避免因人为因素导致数据泄露。

如果组织采取了符合法律的相关措施，但是因雇员没能遵守而造成了数据泄露，监管机构在处理时可能会将这种情况考虑在内，减轻对组织的处罚。

一般来说，监管机构会要求组织证明其对操作合规具有某种程度上的责任心。

组织中最薄弱的一环是人。组织可能安装了最先进的防数据丢失软件，采用了终端安全或加密技术，但只要有一个无知、粗心或心怀不满的员工，就可以破坏所有这些措施。

有效的内部培训和定期的审核能帮助组织降低因员工无知而产生的风险，组织还应将个人数据的存取限制只授予必须知道的员工。

建议

组织应该知晓数据泄露的主要原因，并采取预防措施，将数据泄露发生的概率降到最低：

◆知晓超过 50% 的数据泄露是因为人为因素。

◇确保组织实施操作合规措施。

◆对员工进行培训，并提高他们关于操作合规及信息安全的意识。

把你的个人数据和其他机密信息交给电脑维修人员，你信任他吗？

我希望有些事情永远不要发生在我身上，但偏偏就发生了！某天早晨，我家里电脑的硬盘坏了。我对电脑的内部结构知之甚少，身边又没有称手的工具，几乎不可能修好这个硬盘。我特别担心硬盘上的个人数据和其他机密信息会丢失，因为上一次我进行备份还是几个月之前的事情！

绝望之中，我别无选择，只好将电脑交给一位维修人员，让他帮忙恢复硬盘中这些宝贵的数据。维修人员打开电脑机箱，很快取出了硬盘，然后他把我的硬盘塞入了另一个巨大无比的机箱里。他用特殊的应用软件对我的硬盘进行诊断和测试，然后宣布我的硬盘已无法恢复。

不过他自信满满地告诉我，他能找回我硬盘里至少 80% 的数据。首先，他要将我硬盘上的数据拷贝到他的另一个硬盘上，再将恢复的数据从他的硬盘拷贝到他准备卖给我的一个新硬盘上。

从我的旧硬盘恢复数据，再将恢复后的数据拷贝到新硬盘至少要两个小时。维修人员建议我去逛逛街，两个小时后再回来取走新硬盘。

我敢把我的个人数据和其他机密信息交给他吗？如果他把我珍贵的数据复制一份到他硬盘上呢？于是我选择了最保险的做法：在接下来的两个小时里，我一直坐在他身边，观察他的一举一动！

说到底，在那天之前，我对这位电脑维修人员没有任何了解。唯一吸引我走进他店中的是他橱窗里展示的众多设备，这让我觉得他应该有办法修理我的硬盘。

两个小时后，修复工作终于完成了。维修人员成功地从我的旧硬盘中恢复了 90% 以上的数据。我对他的杰出表现表示感谢，不过在离开他的店之前，我也确定他已经把我的数据从他的硬盘上删除了。

有用的教训

从我的经历中，大家可以学到几个有用的教训。

- 要定期备份硬盘里的数据，特别是其中包含你不能丢失的重要数据的时候。一旦硬盘意外崩溃，如果有一组备份数据，你可以很快将数据拷贝到新的硬盘中。
- 如果你将电脑送去维修员那里进行硬盘数据恢复，要选择可信赖的人，有朋友介绍就更好了。如果你实在不信任这位维修员，那么你应该和我一样坐在一旁小心观察，确保维修人员不会未经授权地复制你的个人数据。

建议

将电脑送去维修时，组织和个人应该采取如下预防措施：

◆在工作中定期备份硬盘里的数据。

◇选择可信赖的维修员。

◆采取预防措施，确保维修员不会未经授权地复制你的私人机密数据。

数据保护法同样适用于自由职业者

我所说的“自由职业者”是指那些自主创业的人，他们没有固定雇主。2014 年年底，我为一家旅行社聘用的 50 多名导游开展了一系列数据保护法培训课程。旅行社想要确保所有员工都能遵守数据保护法。我问这些导游，谁在培训一开始就知道数据保护法的存在？那时，新加坡的数据保护法已经生效半年了。

但 50 多人中只有一个人知道数据保护法。此人正好还是一位房地产中介——自由职业者身兼数职是很常见的。

所以，90% 以上参加课程的人根本不知道数据保护法，也不知道这个法律规范着他们如何收集、使用、披露以及保护他们所掌握的个人数据，如果违背法律，他们将会受到惩罚。

我们发现，如果某人是一个组织的员工，他会毫无困难地接受数据保护法适用于该组织的概念。他也许会不喜欢，但是他们会默认雇用他的组织必须遵守数据保护法。但这些自由职业者认为数据保护法不适用于他们，特别是在他们还没有设立公司的时候。

数据保护法的适用规则很复杂，但是与个人相关的首要原则有：

- 如果某人收集、使用或披露个人数据是出于个人或自用目的，那么数据保护法对其不适用。同样，数据保护法不适用于个人间交换个人数据来开办聚会、在家中开展读书俱乐部活动或邀请客人参加孩子的婚礼等情况。
- 如果某人收集、使用或披露个人数据是出于商业目的，那么数据保护法对他就是适用的。如果此人是某组织的员工，那么该组织必须遵守法律。自由职业者也必须遵守数据保护法。

因此，不管你是一位导游、财务顾问、房地产中介、教练、销售人员，还是一个做兼职的人，数据保护法对你都是适用的。

自由职业者中常见的数据保护法风险

以导游为例，下面是他们经常会做的事，这些事情会让他们违背数据保护法。

- 在需要处理大量个人数据的情形下，混淆了几个人的个人数据或写错了某项个人数据，在帮助旅客办理酒店入住手续时，无意间泄露了游客的个人数据。
- 在旅客订购旅程时，随意重复此人的身份证号码，以致旁边的人都能听到。
- 讨论某人的八卦，比如怀疑旅行团中的某些成员之间有隐秘的恋情。
- 在废纸上写下游客的信用卡账号，被旁人看到。
- 弄丢个人数据，如旅行日程表和旅客的房间信息。
- 在任务完成后没能销毁个人数据，或者销毁的方式不够安全。

自由职业者在数据保护法下的义务

大多数自由职业者代表雇用他们的组织处理个人数据并提供服务。他们一定要和雇用他们的组织签订一份书面合同，因为这样做也许可以减轻他们的责任。

一般来说，组织也对自由职业者的作为（或不作为）负责，这就是组织应该要求自由职业者签订一份遵守数据保护法的合约的原因。有些组织还会要求这些自由职业者对组织因他们违犯数据保护法而遭受的金钱损失做出赔偿。

1. 销毁个人数据的义务。

如果不再需要某些个人数据时，自由职业者必须及时销毁这些数据，或者对其进行匿名化处理。根据和旅行社签订的合同，一位导游可能需要保留这些数据若干月，以免有纠纷发生。

关键在于，一旦不再需要这些数据，这位导游一定要记得销毁它们。将这些包含个人数据的文件保存在家中会将它们暴露在不必要的风险之下。而且在保留这些个人数据期间，他们必须对其加以保护。

2. 保护个人数据的义务。

自由职业者必须保护他们代表组织收集的个人数据，或者组织交给他们的个人数据。

在某个项目中，有人告诉我这么一件事。一位导游心不在焉地把装着客人个人数据以及旅店房间信息的透明袋子丢在了星巴克，后来有人打电话给这位导游并向他归还了袋子。想象一下，如果此人打电话给监管机构投诉的话，会发生什么？

3. 使用个人数据时的义务。

组织从个人那里收集个人数据时，一定是出于一个特定的目的。如果是旅行社，其目的是向个人提供旅行服务。

自由职业者应该记住，数据保护法不允许自由职业者将组织交给他们的个人数据用于其他目的。

建议

雇用自由职业者的组织应该确保他们在代表组织处理个人数据时，遵守数据保护法：

◆和自由职业者签订关于遵守数据保护法的书面合同。

◇确保自由职业者理解并履行数据保护法规定的义务。

◎保护代表组织收集的个人数据。

◎除了已经获得同意的目的，不得将个人数据用于其他目的。

◎不再需要某些个人数据时，及时销毁这些数据，或将其匿名化处理。

◎安全地销毁那些包含个人数据的文件。

你会经常清理电子邮件吗?

我还记得，20 世纪 80 年代早期的时候，电脑的内存非常昂贵，拥有一个 1 兆（100 万字节）大小的硬盘是件很奢侈的事情。使用电脑内存的时候我们必须非常“吝啬”，所以不得不经常自我斗争：哪些电子文件要留下，哪些可以删除？ IT 部门分配给我们的存储空间容量非常有限。同样，决定保存哪些邮件、删除哪些邮件是件很困难的事，因为我们总是倾向于认为每封邮件都很重要。在那个年代，数据和电子邮件的清理是件人们需要自觉去做的事情。

如今，电脑内存的价格跌得非常厉害。一个小小的内存条或优盘有几个 G（109 字节）的容量，移动硬盘容量已经在 1T

（10^{12} 字节）以上了。谷歌邮箱或雅虎邮箱这样的邮件系统通常以 G 为级别来分配内存空间。很多用户都认为自己的存储空间不会用完，所以很少或从不清理他们的电子邮件。

电子邮件对组织的重要性

电子邮件已经不像原来那样仅是一个高效的群体通信工具。如今，组织和员工将邮件系统作为进行头脑风暴的平台，来分享创意、评估方案，甚至进行决策。

邮件和其附件中包含了海量的信息，这些信息可以被轻易地转发给组织内外的人，因此很容易造成信息泄露。如果组织不对邮件进行严格的管理，员工的个人邮箱账户中可能有几个 G 的信息超过了它们的留存期限。而在员工辞职离开组织后，他们会如何处理这些信息呢？

面对防止信息泄露和管理邮件系统中的数据这两大挑战，组织应该制定政策和措施，至少解决下列问题：

- 具备严格的电子邮件管理制度，确保员工删除不再需要的电子邮件。组织可以为每位员工分配一个固定的存储空间，这样一来，员工只能定期清理其文件。组织也可以采取更加严格的做法，自动删除 × 天之前的电子邮件。
- 组织可以强制要求员工将重要文件和邮件附件保存在中央

共享硬盘上，这样组织在管理这些文件的留存时间时就能简单一些。中央共享硬盘能让组织访问前员工保存的文件。有些组织不允许员工在邮件中添加附件，只允许添加共享硬盘中这些文件的链接。这样一来，即使邮件被泄露，也只有员工可以访问这些文件。

定期清理数据和邮件是每个人的职责。组织必须不断提醒员工定期清理数据和邮件的必要性，以及不这么做的风险。

建议

组织应该知晓电子邮件的重要性，并应采取以下做法：

◆清楚地认识到，如果没有正确的管理，电子邮件很容易泄露组织和个人的信息。

◇实施严格的数据和邮件清理管理制度，让员工自觉删除不再需要的文件和邮件。

◆强制要求员工将重要文件和邮件附件保存在中央共享硬盘上，这样组织在管理这些文件的留存时间时就会容易一些。

不要被社会工程化

如今，“社会工程”这个术语在信息安全的语境下，已经不同于它最早的概念，它的其中一项定义是：

> 社会工程是一种电脑黑客或网络罪犯使用的非技术入侵手段。它高度依赖于人际互动，通常会诱骗人们破坏常规的安全程序[①]。

① 引自 TechTarget。

社会工程师是什么?

社会工程师(social engineer)是用各种手段诱惑那些毫无戒备之心的人，使其披露自己的个人数据和其他机密信息，比如身份证号码、银行账号或支付卡号等。他们利用人们的好奇心、贪婪和本能反应等心理弱点来获得这些信息，然后非法访问机密数据库或进行未经授权的交易。

在本章，我将根据自己的经历和大家分享一些社会工程师常用的招数。社会工程师通常会冒充或伪装成组织里的员工。

我曾接到过一个电话。电话那头是一个甜美的女声，说她是 ABC 银行的工作人员，打电话给我是为了进行数据验证工作。

这听上去很合理，因为我正是 ABC 银行的客户。她的第一个问题是验证她是否正在和“××× 先生(我的名字)”通话，我给出了明确的肯定，这个问题也显示了她专业的一面。

然后她问我的银行账号是什么，我的防御天线立刻竖了起来。我反问她:“你说你是 ABC 银行的工作人员，怎么会不知道我的银行账号呢?”

电话那头沉寂了很久，因为她没想到我会这样回答她，这时她显然没那么自信了，她说:“哦，没事了。”然后很快就挂断了电话。如果我脱口对她说出我的银行账号，那么我的账户就可能会被社会工程师或其他寡廉鲜耻的人非法访问。

一天，我试着用我的用户名和密码登录某个订阅账户，很意外地发现如下欢迎信息：

您的账户已被重置，请重新输入密码。

之前可从没发生过这种事。我立刻产生了怀疑，决定检查一下该网络平台真正的 URL（统一资源定位地址）。我发现这个 URL 是一个我不知道的名字，结尾是“.com”。显然，某人伪装成真正的内容服务供应商来骗取订阅者的密码。

如果我不够警觉就会受骗，将自己的密码交给一位社会工程师。

我曾收到一封来自在线支付服务商贝宝（PayPal）的邮件，主题是“您的贝宝账户被未经授权地使用”。邮件中写道：

我们完成了对您账户的调查，发现有一次未经授权的账户活动。某人最近试图修改您的信用卡信息，因此我们已经冻结了您的账户。请务必验证您的信息。

后面有一个“开始”的图标。

这立刻引起了我的怀疑，因为我的贝宝账户已经有很长时间没有用过了。我进行了一个快速的调查，发现这封邮件的发件人的名字虽然写着“贝宝”，但是只要将鼠标移到这个名字上，就会发现这不是发件人真正的名字，他根本就不能代表贝宝公司。所以我有充分的理由不去点击那个写着“开始”的图标。

我继续浏览该邮件，然后有了一个惊人的发现。有一段文字以小号字体写出，指导人们“如何知道这不是一封伪造的邮件？”。该标题的下一行写着：

真正来自贝宝的邮件会以您的姓名或公司的名称来称呼您。

但事实上，这封邮件所做的和它声称要做的正好相反：它根本没有用我的姓名称呼我！这招够漂亮、够聪明，为的就是让这封邮件看起来像真的！如果我不够警惕，就会轻易地成为这位社会工程师的受害者。

我还曾收到过一封来自当地税务局的邮件。发件人的邮箱地址看起来是一个合法的税务局邮箱地址。邮件中写道：

附件中的 PDF 是您的 2013 年年度退税报告。我们需要您完整阅读该 PDF 附件。如有问题请及时反馈，以便我们立即加以处理。谢谢。

该邮件最后的签名是当地税务局，下面是该政府机构的地址以及正确的网站地址。

我正要打开 PDF 附件，内心的不安感迫使我又读了一遍这封邮件，这次我读得很慢，然后有了两个发现：邮件的主标题写的是“您的 2013 年年度退税报告！！！”，而邮件的开场白是“嗨”。

我立刻嗅出了不对劲的味道。真正的政府税务机构不会在主标题上连用三个感叹号，也不会如此随意地用“嗨”来和一位纳税人打招呼。

后来我给当地税务局的官方热线打电话求证，这封邮件被证明是假的。

某天早晨，我收到了 4 位朋友的邮件。我打开这些邮件，其中有三位都在问我对新买的电脑是否满意。我感到很奇怪，继续阅读邮件后发现我的邮箱曾给一群朋友发送邮件，向他们推荐某电脑的促销活动！我大吃一惊。我并没有发送那些邮件啊。

显然，我的邮箱账户被“劫持”了，某人冒充我，向我的朋友发送了邮件。这样的“劫持”通常发生在人们使用了公共 Wi-Fi 或者未经保护的公共电脑之后。

解决方案也很简单：修改邮箱账户的密码。我很快修改了我的邮箱密码，将骗局扼杀在了摇篮里。还好，骗子邮件的主题只是廉价的电脑。如果某人伪装成我，发送一些令人不快甚至煽动性的邮件，我不就情况不妙了吗？

如何防备社会工程师

从我和社会工程师的这几次交锋中可以看出，他们主要的工作就是欺骗，诱使那些毫无戒心的人相信他们收到的邮件和电话。有些邮件是如此真实，很容易让人上当。

因此，网络用户应该在所有时刻保持警惕，熟悉社会工程师可能会用到的一些手段。

基于个人经验，我的建议是：

- 开启邮箱账户的垃圾邮件过滤系统，过滤掉那些你不想收到的邮件。这不是一个万无一失的方法，因为某些你不想要的邮件可能还是会被漏进来，反而你想要的邮件会被过滤掉。但是打开垃圾邮件过滤器总好过不打开，现在的垃圾邮件过滤器可以识别新型垃圾邮件。
- 如果你怀疑有什么地方不对劲儿，一定要检查网站 URL 的真实性。
- 检查语言的书写风格，特别是那些来自政府或知名商业公司的邮件。如果邮件中使用的词语太过随便（比如用“嗨”），或者有一堆语法错误，那么你应该提高警惕。
- 如果你和某个组织已经有很长时间没有来往了，但突然之间“该组织”要求你对某些个人信息进行验证，这时你应该提高警惕。

- 不要在电话中披露任何个人数据或其他机密信息。
- 将你的计算设备连接到公共 Wi-Fi 或者使用未经保护的公共电脑时，要小心。
- 如果有人要你重置某些设置或邮箱账户，你要特别小心，并定时修改密码。

社会工程师总是潜伏在那些毫无戒备之心的受害者周围，最好的防御是时时保持警觉。此外，你还应该用知识来武装自己，知道在收发邮件或使用在线服务的时候需要注意什么。保护个人信息是每个人的责任，警惕一点总比事后难过要好。

建议

要想避免成为“社会工程师”的受害者，组织和个人应该采取如下措施来保护自己：

◆打开邮箱账户的垃圾邮件过滤系统，过滤掉那些不想收到的邮件。

◇如果邮件看起来可疑，不要打开，更不要下载附件。

◆验证邮件发送方的真实性。

◇验证网络 URL 的真实性。

◆注意邮件的书写风格。

◇某组织突然要求你验证特定的个人信息时要小心。

◆如果呼叫方应该已经知道某些信息，就不要在电话中披露任何个人数据。

◇定时修改邮箱密码。

垃圾堆里有你的名字、地址和电话号码吗？

《垃圾堆里有你的名字、地址和电话号码吗？》是2015年5月新加坡《星期天泰晤士报》上刊登的一篇文章的标题。这篇文章讨论了与办公室垃圾一起被扔掉的纸质文件所引发的数据泄露。

那次数据泄露发生在一个中央商贸区，一位记者发现高层商业大楼的垃圾中有包含个人数据的文件。这些文件被扔在公共巷道的一个垃圾桶里，所有经过该巷道的人都能看到这些文件。这些来自不同组织的文件已被标记为“机密”或“极度机密”。文件中包括护照的复印件、各位专业人士的简历以及支付给房地产中介的提成细节，还有印有电子邮箱、地址和电话号码的纸张，以及律师事务所的业务扩展计划文书。

此次事件涉及那些我们信任的组织，讽刺之处在于，这些银行和律师事务所应该是具备最严格管理措施的组织。

数据泄露发生的根本原因

那么这些个人数据到底是怎么跑到垃圾堆里去的？当然，我们只能加以猜测，但是我们知道，这些包含个人数据和其他机密信息的文件没有被粉碎。为什么呢？

一个可能的答案是，这些文件只是被扔进了办公室的废纸篓里，清洁工清空了废纸篓，将其倒进了垃圾桶里。所以，任何包含个人数据或其他机密信息的文件都应该被安全地销毁。

另外一个可能性是，办公室里确实有碎纸机，但员工因为没有时间、懒惰或者不方便等原因，没有及时粉碎全部的文件。

- 碎纸机并不是一个大功率设备，最多一次粉碎 20 张纸，否则就会卡住。那些繁忙的员工可能没有时间粉碎大量文件。
- 在办公时间使用碎纸机会对同事造成干扰，因为机器会发出噪声。所以，粉碎工作会被留到下班以后做，可能相关员工忘了去做。

- 我们在为客户进行数据保护措施检查时，经常发现员工在粉碎机旁边堆放了大量的纸张。他们指望那些级别比较低的员工来粉碎这些文件。

组织办公室中的回收箱也是数据泄露的一个潜在原因。为了绿色环保，很多组织提倡对纸张进行循环利用。不幸的是，一个文件如果包含个人数据和其他机密信息，那么循环使用这些纸张肯定不是一个好主意。

如果文件没有被安全地销毁，组织就没法控制它们最终会流通到哪里，其中的个人数据和其他机密信息又会被如何使用。

组织应该考虑采取“粉碎一切”的政策，而不是只粉碎包含个人数据或其他机密信息的文件，这样就不用担心员工还要决定哪些文件应该被粉碎。不论如何，组织应该对员工的纸张粉碎操作进行考核，确保纸张粉碎工作得以实行。

此外，组织可以考虑到聘用一家服务供应商代为执行文件粉碎任务，并请它提供文件销毁证明作为证据。

建议

销毁包含个人数据或其他机密信息的废弃纸张时，组织应该采取如下做法：

◆在机密文件上标上“机密”字样。

◇提醒员工不要将包含个人信息的文件扔进垃圾桶。

◆将包含个人信息的文件粉碎，而不是将它们堆在粉碎机旁边。

◇不要循环使用包含个人信息的纸张。

◆采取“粉碎一切”的政策，特别是在组织进行个人数据相关的业务时。

◇聘用一家服务供应商来销毁包含个人信息的文件。

第七篇

个人数据的披露

我们不应该要求客户在隐私和安全之间做出取舍，而是应该将两者都提供给他们。最终，保护其他人也是在保护我们所有人。

——苹果公司首席执行官蒂姆·库克

如果你要在电话里说的话并不想让你妈妈在你出庭时听到，那就永远不要说。

——演员西德尼·比德尔·巴罗斯

中介公司是否获取了太多个人数据?

我们有很多个人数据和敏感信息通过中介公司之手在传递，比如房地产中介、旅行社或当地的帮佣介绍所。在为客户提供服务的过程中，这些中介掌握了客户的身份证号码、护照、个人所得税、银行账单、信用卡信息甚至家庭成员和被监护人的出生证明等个人敏感信息。

中介为什么需要掌握那么多个人数据

以新加坡为例，所有这些个人数据和其他机密信息都是相关政府部门要求个人提供的，这些部门根据这些个人数据来评估某人是否可以成为房屋的买家，能否申请签证或者能否聘用帮佣。中介公司只是这些书面证据的“信使”，将这些东西送到需要它们的相应政府部门处。

中介会说，这样的信使服务是他们为客户提供的增值服务之一，使客户不用亲自跑到政府部门提交文件。我还听过一个令人害怕的故事：中介的增值服务包括取得客户用来登录政府电子服务网站唯一的用户名和密码，并以客户的名义获取其个人信息。如果泄露了这个唯一的用户名和密码，个人怎么来防止一个心怀不轨的中介从政府部门处获得客户的其他个人数据和机密信息呢？

改变现状

当然，客户还是希望他们的中介提供信使服务。那么，我们可不可以改变现有的做法，限制我们的个人敏感信息对中介的披露呢？比如，我们可以亲自将文件放入一个大信封，封好口，在封口上签字以防篡改，然后再将信封交给中介。政府有关部门可以提供一张通过中介转交的文件清单，确保我们不会漏放文件。

作为个人，我们不该轻易将自己的用户名和密码交给中介。如果不知道如何使用政府的电子服务，你应该请一位懂 IT 又信得过的人——比如家庭成员或亲戚——来完成这件事情。

建议

作为个人，我们应该限制个人信息的披露：

◆如果中介只是我们和政府有关部门之间的信使，我们应该将所有机密文件放入信封封好后再交给中介。

◇不要向中介透露我们登录政府电子服务网站的用户名和密码，如果自己不会登录，那么你应该让可信赖的人来帮忙。

解雇、辞退和警告员工时的注意事项

如果你在组织的人事部门工作，或者是组织的管理者，那么我要友情提醒你一下：数据保护法要求组织保护员工的个人数据。所以，在处理员工的个人数据时，你要小心。向数据保护监管机构报告的失职事件中，大部分涉及辞退信和警告信。

限制警告邮件的发送

一位大学行政人员（X）的主管因为不满 X 在工作中的表现，给 X 发了一封警告信。这位主管还是该大学某委员会的秘书，所以他将这封警告邮件的副本抄送给了该委员会的所有成员。X 向监管机构[①]投诉，认为自己的个人数据在未经自己同意的情况下被加以披露。

该大学对监管机构的解释是，委员会的职责之一是就“人力资源和其他资源的分配”向大学提出建议。因此，该大学认为委员会成员需要一份警告信的副本，才能“评估主管就 X 的工作表现发现的不足”。

但是，监管机构认为没有足够的证据表明委员会成员有权评估 X 的工作表现。因为 X 的主管“只是将警告邮件转发给委员会成员，却没有要求收件方就 X 的表现给出建议和评价”。因此，监管机构判定该大学违犯了数据保护法。

监管机构要求该大学采取措施，通知所有得到授权向员工开具警告信的员工，不得将警告信的内容披露给任何第三方，除非该披露出于与收集同样的目的或者与其直接相关，又或者从当事人那里获得了同意。

向第三方发出的员工离职通知中不要包含过多的信息

组织在员工离职后，向该员工之前沟通过的客户发送邮件和传真进行通知是个正常的做法，可以让客户知道将来由哪位

① 中国香港个人数据隐私专员办公室，案例号 2005C21，参见 https://www.pcpd.org.hk/english/enforcement/case_notes/casenotes_2.php?id=2005C21&content_type=3&content_nature=&msg_id2=315。

员工继续为他们服务。另外，也能防止前员工从组织的客户那里招揽生意。

但是，某组织发出的通知不仅含员工的名字，还披露了此人的身份证号码，而该员工事前根本不知道组织的这一行为，也没有同意组织这么做，于是他在发现后向监管机构发起了投诉。

监管机构认为该组织违背了数据保护法，因为它没有采取合理可行的措施保护个人的身份证号码不被意外或未经授权地使用。监管机构要求该组织从此类信息中删除员工的身份证号码。

监管机构认为，员工离职后，在通知客户时，组织应该只使用足以达成通知目的的那些数据。披露员工的名字和公司的职位就足够了，没有必要披露员工的身份证号码。这么做可能导致该号码被用于欺诈或其他不当目的。

对员工进行远程监控可能是非法的

在两个不同的时间和地点中，一位员工收到雇主就其工作表现打来的电话以及书面警告，但是该雇主并不在现场。原来，雇主在办公室里安装了闭路电视摄像头来远程监控员工。

该员工向监管机构提起投诉，理由是组织并未事先通知员工安装闭路电视系统的目的，并且组织不恰当地使用闭路电视系统来收集个人数据。该组织：

- 承认并未书面通知员工安装闭路电视系统的目的。
- 认为摄像头安装得很明显，录像机以及显示拍摄场景的屏幕就设在办公室里，所有员工和客户都可以看到。
- 认为该系统是在工作时间安装的，员工完全能看到该过程，但是员工或客户都未提出问题或者进行投诉。
- 指出组织设有一个标志牌说明闭路电视摄像头正在运作，虽然该标志并未包含安装摄像头的目的。
- 同时争辩说，员工知道该闭路电视系统的存在。

监管机构认为：任何监控必须是雇主面对风险，并考虑到员工的合法隐私和其他利益后做出的适当反应……为了符合透明性要求，组织必须将闭路电视监控系统的存在告知员工，也要将组织利用闭路电视进行个人数据处理的目的告知员工。

监管机构要求组织停止通过远程访问闭路电视系统或其他方式对员工进行监视。组织保证做到：

- 移除办公室里的摄像头。
- 停止基于闭路电视的监控内容对该员工进行惩戒的行为，并保证该员工不会因摄像中透露的信息而遭受不好的后果。

一个通用原则是，组织可以使用闭路电视来监控员工，只要做法透明。比方说，员工应该得到通知，组织也应在员工手册中加入相应的通知。

建议

处理员工个人数据时，组织应该采取如下做法：

◆限制员工警告信的分发，确保只抄送给相关的主管。

◇向第三方发出员工离职通知时，确保不要披露过多的信息，比如员工的身份证号码。

◆将闭路电视监控用作监视员工这一次要目的时，必须做到透明。

你的布告栏是否包含个人数据？

我们经常会在学校、公司等公共场所看到布告栏。数据保护法提醒我们在是否披露以及如何披露个人数据时必须要非常小心。

对了，别忘了我们还有电子布告栏——即使它只是一个网站，而且只有某个班级的学生或即将毕业的学生才可以访问。

发布考试成绩时要小心

学校或其他教育机构公布考试成绩的时候，会披露学生的个人数据（也就是他们的成绩以及姓名）。因此，这类组织必须遵守数据保护法。

对于需要公布考试成绩的那些组织，我们给出如下数据保护合规性的建议。

1. 学生应该有选择。

组织也许更喜欢在一个专属的布告栏中张贴考试结果，但是组织应该让学生有将成绩单独寄给他们的选择。从学生的角度来看，并不是每个人都愿意和别人分享自己的成绩，尤其是他们的考试成绩糟糕的时候。

2. 获得学生的同意。

学生参加课程或考试的时候，就是一个很好的机会来获得他们的同意，允许你的组织日后在布告栏中公布他们的成绩。但是要确保组织运营着良好的系统，清晰地记录了给出同意的学生、没有给出同意的学生以及开始给出同意后来又撤回的学生。

3. 采取保护措施。

一个好的做法是，组织如果要在布告栏中公布成绩（当然，前提是已经取得了学生的同意），应该采取合理的保护措施。比方说，组织不应该透露学生身份证的全部内容或学号。为了区分名字相同或相近的学生，只显示最后 4 位或者用班级代码作为参考。

4. 对公布的考试成绩应考虑匿名化处理。

通常，学生总是希望将自己的成绩和朋友（以及对手）的成绩加以比较。显然，只有把名字公布在布告栏时他们才能进行比较。

某些组织可能希望避免获得公布名字许可的必要，也不想记录谁给了同意、谁没有给同意、谁给了同意又撤回了。于是，他们给每位学生发放一个秘密的考试号码或代号，并要求学生对各自的号码保密。

学生在成绩列表中寻找自己的号码，进而找到自己的考试成绩。只有互相披露自己的号码后，他们才能在朋友间比较成绩。

在办公室布告栏中张贴投诉信

一位员工以书面形式投诉其负责职责分配的主管。负责处理该投诉的人将投诉的副本给了该主管，这样他可以亲自做出回应。主管在员工休息室的布告栏中贴出了该投诉以及一份备忘录，其中记录了投诉的处理过程。该员工就其对个人数据的披露向监管机构[①]发起了投诉。

这种做法显然是对数据保护法的违背。监管机构认为，主管应该知道这些信息只是用作调查目的。哪怕该员工给出了同

① 中国香港个人数据隐私专员办公室，案例号 2002C05，参见 https://www.pcpd.org.hk/english/enforcement/case_notes/casenotes_2.php?id=2002C05&content_type=3&content_nature=&msg_id2=162。

意，将个人数据披露给某相关个人（也就是那位主管），他也不大可能同意将投诉加以公开披露。

管理公司张贴了某住户的个人数据

某建筑的住户涉及两桩待决诉讼：一桩是建筑管理公司提起的小额赔偿，另一桩是住户对建筑注册所有人提起的土地审裁赔偿。

该建筑的管理公司召集了一次业主大会来讨论这些待决诉讼。公司将信件寄给住户，邀请她参加会议，还将给该住户的信件贴在了位于公共区域的布告栏中。该住户对此感到不满，然后向监管机构投诉说，她的名字和地址被该管理公司公开披露。

监管机构认为，收集住户个人数据的目的是管理建筑，公开张贴参加业主大会的邀请信件并无必要，因为该信件已经寄给了该住户。因此，公司的做法是对住户个人数据未经授权地披露。

建议

在公共布告栏上张贴通知的组织应该遵守如下规则：

◆在公共布告栏中张贴个人数据前（哪怕只是在网站公布一个通知），必须获得相关个人的同意。

◇在公共布告栏中张贴个人数据的目的，必须与收集该个人数据的目的一致。

◆要考虑到通知内容的敏感性。如果通知涉及投诉或是可能让相关个人感到尴尬的内容，组织应通过发送私人信件或电子邮件进行通知。

◇不要认为某人不会介意组织公开张贴他的个人数据，从他的角度来看那样做会对他造成伤害。

闭路电视录像：要不要播放？

随意在街上走走，走进随便哪家办公室或商店，你最常看到的东西之一会是什么？如果你的答案是“闭路电视摄像头”，那么你回答得完全正确。

闭路电视摄像头形状大小不一，已然成为安全和监控中不可或缺的技术工具。但闭路电视摄像头进行着无差别记录：它们会记录下视频采集区域内的每个物体。

人脸图像被以恰当的角度捕获后，人们可以通过视觉辨识出录像中的每一个人，而更令人警觉的是，这个步骤也可以通过人脸识别软件来完成。这也是不少实施数据保护法的地区将有人像的闭路电视录像认为是个人数据或可识别的个人信息的原因。这意味着闭路电视录像应该与其他个人数据一样得到保护，而个人有权要求获取自己的录像。

组织无权拒绝个人获取闭路电视录像

世界上大部分地区的数据保护法规定，一旦组织拥有或者控制了个人数据，个人就有权获取。因此，组织无权拒绝个人获取包含他们影像的闭路电视录像。

遵守法律义务提供这些闭路电视录像的存取是一回事，提供这些录像可能面临的实际困难则是另外一回事。组织抽取录像的相关部分给某人浏览时，数据保护法同时要求组织不能披露其他任何人的影像。比方说，组织必须至少遮蔽同一段录像中其他人的脸部。这说起来容易做起来难。不是所有的闭路电视设备都有这个能力，更别说那些使用老旧技术的系统了。哪怕用的是比较新的设备，也不是所有的组织都有自己的专家来完成遮蔽工作。请供应商来做的话，价格贵得吓人。而且有些时候，遮蔽另一个人的个人数据可能会让此人无法达成存取自己个人数据的目的。比方说，某位小孩在学校的操场上被推倒，他的家长会希望找到做这件事情的人的身份。

制订可行的方案

有些组织想要与提出请求的个人进行协商，规避与披露闭路电视录像中其他人的个人数据相关的困难。

首先，组织需要知道此人为什么要存取闭路电视录像，这也是过滤掉那些无聊要求的方法之一；然后，组织应与个人一起讨论出一个可行的方案，既满足个人的要求又能让组织遵守数据保护法。

比方说，我们有位客户从事物业及设施管理业务，他向我们分享了他们研究出来的可行方案。大部分存取闭路电视录像的要求来自汽车车主——他们的车停在停车场时被剐到了。这类事件需要物业经理加以调查。为了进行调查，物业经理会浏览闭路电视录像，并向车主报告调查情况以及对涉事者采取了什么措施。组织在调查物品被盗或入室盗窃事件时也可以采用类似的方法。

进行闭路电视监控需要获得同意

通常情况下，数据保护法不允许组织在获得个人同意之前收集其个人数据。某人进入闭路电视区域之前，组织应该给出警告，提示闭路电视摄像头的存在以及安装摄像头的目的。举例说，这样的一个标记应该被设置在建筑入口处或者安装了闭路电视摄像头的房间之外。这么做了之后，如果此人进入闭路电视摄像头的范围，那他就默认同意组织用闭路电视录像收集他的个人数据和影像。

但是，如果组织没能设置这样一个警示标识，影像被闭路电视摄像头记录的人可以质疑组织违犯了数据保护法。更糟糕的是，如果此人要求获取有他影像的闭路电视录像并且拿到后，他就能证明组织未经他同意收集了他的个人数据。

建议

处理闭路电视录像时，组织应该采取如下方法和步骤：

◆在显著的位置设置警示标识，告知访客闭路电视监控正在运行。

◇收到获取闭路电视录像的请求时，

◎先确定请求的目的，过滤掉那些无聊的要求。

◎遮蔽其他可识别个人的脸部。

◎如果做不到遮蔽，尤其是在进行调查时，组织的员工可以代替请求者浏览闭路电视录像。

业主请注意！你也会惹上麻烦

如果你拥有商业地产或住宅地产并从中获取收入，数据保护法通常对你适用。

作为业主，你需要参考租户的个人数据来决定是否要将房子租给他们。法律可能要求你保留他们的个人数据以确认他们的身份和居住状态。

数据保护法规范着你收集、使用和披露这些个人数据的方式。如果你违犯了法规，监管机构可能会对你采取处罚措施。

租约纠纷案例分析

一位业主与一位租户就租金支付发生了纠纷。业主的律师向租户发送了一封催款信。但是这封催款信还抄送了租户的雇主，披露了存在纠纷的事实以及租金欠款的金额。

租户向监管机构[①]发起投诉，认为与租约纠纷相关的个人数据应该只是出于处理或解决租户和业主之间纠纷的目的而被收集，应只限于双方之间，没有理由将租户的雇主牵扯进来，甚至雇主根本就不应该知道有这回事。

业主无法向监管机构证明他为什么需要将此次纠纷告知租户的雇主。监管机构认为，业主也许是想给租户压力，促使其支付拖欠的房租，但对租户个人数据的如此使用与原始的收集目的不一致。因此，监管机构要求业主停止向租户雇主通报租金纠纷。

经验总结

业主拥有收集来的租户个人数据，并可以将其作为租约合同的一部分，但这并不意味着业主有权出于其他目的使用或者

① 中国香港个人数据隐私专员办公室，案例号 2004C19，参见 https://www.pcpd.org.hk/english/enforcement/case_notes/casenotes_2.php?id=2003C04&content_type=3&content_nature=&msg_id2=199。

披露这些个人数据。

要记住，租户和所有受数据保护法保护的个人一样有权询问业主将如何使用收集来的个人数据。

如果业主想使用或披露租户的个人数据，必须先考虑自己是否有合理的理由。

如果某个目的并不是为了执行租约而明确地具有合理性，我们就宁可保守一些，先征得租户的同意再使用或披露他们的个人数据。

业主应该特别小心地保存租户的个人数据，不管个人数据是电子文件还是纸质文件都需要如此。

数据保护法要求业主采取合理且可行的措施保护其拥有或控制的所有个人数据。其中包括确保包含租户个人数据的文件不会在家中随意乱放，让孩子或者来访的亲朋好友轻易地看到。

不再需要留存这些个人数据后，业主应该安全地销毁包含租户个人数据的纸质文件或者删除电子记录。

建议

将房产出租的业主应该小心处理租户的个人数据：

◆确保出于房产出租目的而收集的个人数据只用于该目的。

◇在租约范围之外披露个人数据前应先获得租户的同意。

◆确保租户的个人数据和其他机密信息得到安全的保存。

◇不再需要某些个人数据后，业主应安全地销毁或删除这些数据。

认真对待获得个人数据的请求，否则……

所有的数据保护法都授予个人权利，让他们可以获取并纠正被组织控制的个人数据。组织对此类要求必须做出回应的时间不尽相同，但通常在 20~40 天之间。

如果组织没能在法律规定的期限内对获取个人信息的请求做出回应或满足其请求，会不会惹上麻烦？最简单的回答是“肯定会”，而且根据数据保护法，监管机构对此类违法行为通常会进行严厉的处罚。

我们来看几个例子。

处理存取请求时的拖延令人无法接受

O2 是一家电信运营商。一位 O2 的客户要求组织提供某个手机号码自 1999 年 11 月起到提出请求之日为止（那时是 2012 年）的通话记录。根据相关的数据保护法，组织必须在收到该请求的 40 天内向客户提供他所需要的个人数据。但是 O2 在两个月后才对该请求做出回应。这位客户因此向监管机构[①]发起了投诉。

监管机构经调查发现，这次拖延是由如下原因造成的：

- O2 用来进行数据库初步搜索的电话号码有一位数字是错的。
- 在收到请求两个多月后，O2 要求客户支付 6.35 英镑的费用，而且在收到该费用前没有处理客户的请求。
- O2 承认，由于技术条件限制，所有这些向 O2 提出的请求需要 10 个星期来进行处理。

因此，即使从收到存取请求的那天就开始处理，O2 也不可能在法定期限内回应客户的请求，从而无法遵守法律规定。

监管机构要求 O2 采取必要的措施，使其能在法律期限内

① 爱尔兰数据保护专员，案例号 2。参见 https://www.dataprotection.ie/docs/Case-Studies-2012/1354.htm#2。

对存取请求做出回应。

没能对存取请求做出回应

某人向一家合同服务供应商提出请求，要求获取后者拥有的个人数据。供应商在 24 天后对该请求做出回应，并解释说他们在寻求法务的意见。在发起最初请求的 57 天后，投诉人与供应商联络进行跟进，供应商说他们正在等待最终的法务意见并会在收到后做出回应。在发起最初请求的 112 天之后，投诉人失去了耐心，向监管机构[①]发起投诉。

监管机构对供应商回应请求所花的时间表示担忧，并质疑“寻求法务意见”是否是造成延迟的理由。监管机构认为供应商没有任何理由拒绝这个请求，并向该供应商发送通知要求供应商向投诉人发送相关的个人数据。

没有严肃地处理数据存取请求

一位已离职的员工向之前工作过的组织提出数据存取请求，要求获得他就职于该组织期间的个人数据副本。几个月后，他一直没有收到回复，于是他就和组织联络。组织说相关

① 澳大利亚维多利亚隐私委员会办公室，参见 https://www.cpdp.vic.gov.au/images/content/pdf/privacy_case_notes/case_note_01_11.pdf。

数据已经准备好发送给他了。但是后来他被告知这些数据已经被销毁了。于是这位前员工向监管机构[①]提起了投诉。

监管机构在调查该投诉时，组织又突然说找到了该员工请求的个人数据。在不同的时候，组织给出各种不同的理由来为其未能满足该存取请求辩解。

虽然监管机构可以采取更具规范效力的行动，但最后只是正式警告了该组织并提醒它在未来处理数据存取请求时要遵守数据保护法相关的要求。

为了满足数据存取请求而收取过高的费用

某位妇女在一家私立医院进行了一次结肠镜检查。她投诉说在进行结肠镜检查时，有男性非医务人员在场。由于对医院方面的答复不满，该妇女向医院提交了一份数据存取请求，要求获得她与医生进行咨询、结肠镜检查以及后续投诉的所有数据，包括所有记录的副本。

医院给了该妇女一份 9 页的病历副本，并总共向她收取了

① 中国香港个人数据隐私专员办公室，案例号 2006C13，参见 https://www.pcpd.org.hk/english/enforcement/case_notes/casenotes_2.php?id=2006C13&content_type=&content_nature=34&msg_id2=314。

3 250 港币。她认为收费太高而向监管机构[①]提起投诉。

监管机构认为，组织只允许收取为了满足数据存取请求而产生的“直接相关而且必要的”费用，超出为满足该请求的收费都是过度收费[②]。由于医院没有给出费用的明细，处理本案例的监管机构认为医院应该建立合理的病人病历索引系统，而不需要大量的搜索并造成不必要的费用。

注意：如新加坡和中国香港的数据保护法中并未规定存取请求的收费标准，只是建议组织收取合理的费用。组织不应该靠收取过高的费用而获利。一般原则是，组织收取的费用应该仅能弥补在满足某数据存取请求过程中产生的人工费以及实际发生的费用。

---

① 中国香港个人数据隐私专员办公室，案例号 2013C05，参见 https://www.pcpd.org.hk/english/enforcement/case_notes/casenotes_2.php?id=2013C05&content_type=&content_nature=&msg_id2=417。

② 值得注意的是，在某些数据保护法中，处理数据存取请求费用的计算方式是有规定的，同时也可以由监管机构加以调整，包括提出存取请求的某人支付之前就进行调整的情形。

建议

收到个人存取或纠正组织拥有的个人数据的请求后，组织应该采取如下做法：

◆认真对待法律规定的回应期限。

◇验证请求人的身份，避免向错误的人披露个人数据。

◆具备相应的政策和流程来快速回应请求。

◇如果请求属于豁免情形且组织决定实施该豁免，应该在要求的时间期限内给出书面拒绝的通知以及这么做的理由。

◆如果存在技术困难而不能在规定的期限内回应请求，应该制订计划尽快改进这一状况。

对某些人来说在社交媒体中上传视频很好玩儿，但对另外一些人来说不是

我敢说很多人见证过一个普遍的社会现象：某人看到一些好玩儿的事情，就拍下视频然后分享到社交媒体上。分享的主题可以是任何内容：美味食物、绚烂花卉、呆萌动物、搞笑举动等。每一类内容都有自己的粉丝，不过最吸引眼球的莫过于那些会让人捧腹大笑的搞笑举动。

这些搞笑举动至少可以分为两类：

- 事先计划或排练好的，但会有一些即兴表演，带来意想不到的有趣效果。

• 趁人不备时——有时还是这些人最尴尬的时候——拍下的举动，以伤害别人取乐。

第二类视频对那些成为搞笑对象的人来说就一点都不好玩儿。他们会觉得受到了讥讽或者在感情上受到了伤害。人们因为他们从扶梯上笨手笨脚地摔下来、在车站不可自控地呕吐或在聚会时不小心走光而哈哈大笑。这些受害者认为，其他人没有任何权利拍摄正处于如此尴尬境地的受害者然后上传到社交媒体，以逗乐成千上万个陌生人。

数据保护法该如何保护这些受害者呢？这些视频是在公共场合拍摄的，因此可能被认为是公共可获得的数据。不过如果这些视频对受害者造成了不幸，他们可以声明不同意这些拍摄者发布他们的视频。但是法律对此并没有很明确的规定，可能需要道德的约束。如果受害者本人或者他们的支持者提出下架该视频的要求，社交平台的运营者应该具备一个相应的政策。

有时，组织的内部人士会未经授权地存取组织的闭路电视录像，从中抽取记录他们同事尴尬情景的片段然后发布在社交媒体上。

建议

◆运营社交媒体平台的组织在被当事人要求下架相关视频时，应该具有相关政策并落实。

◇组织应该防止内部人士在未经授权的情况下存取闭路电视录像并在未获当事人同意前上传到社交媒体。

你留下的不只是足迹和指纹

你曾经行走于皇宫的走廊中，回味着古代君主、贵族和名人的历史；踟蹰在乡村，寻找富有当地风情的手工艺品；走在沙滩上或翠绿的山间小径上。

你感到很满足，炫耀说："我来过此地！做过此事！"并在全球留下你的足迹和指纹。

但是你有没有意识到，你在海外旅游的时候，留下的远不只是足迹和指纹？实际上你留下了一串"信息印迹"——你的个人数据。下面有一些例子，说明你的个人数据在哪些地方被收集了：

- 入境时经过入境检查站。

- 通过旅行社或网络平台预订行程或者旅店。
- 海外采购时用支付卡支付费用。
- 在海外使用手机的漫游功能。

你去的各处景点，你下榻的酒店、光顾的餐厅和商店都会有一些你的个人数据。你敢肯定地说，这些海外的组织和个人会尊重你个人数据的机密性和隐私性，安全恰当地对其进行处理吗？

在海外进行的数据交流

世界上不少地方的数据保护法对组织将个人数据传输到国外有限制。

但是，数据保护法不适用于你直接与海外旅行社联络或者通过海外的网络平台预订酒店。这种情况下，你应该怎么做才能有些许保证，使这些海外旅行社、酒店或在线服务供应商能安全地处理你的个人数据呢？这里有一些提示：

- 首先，要考虑你将向其提供个人数据的组织所在的国家或地区是否已颁布数据保护法，以及该法律是否由一个监管机构加以执行。
- 其次，检查这些海外组织公布的隐私声明，特别是其中的同意条款、你的权利、公司的责任和义务。当然，公布隐私声明并不能保证该组织真的会照章行事。

- 最后，只向这些海外组织提供最少量的个人数据。如果是在线预订，你应该只提供那些必需的数据项（它们会用星号标记）。如果是通过电话预订，对于那些非必需的个人数据请求要提出质疑或直接拒绝。

警觉才是当日行程

在海外旅行时，要将所有个人数据完全抹除几乎是不可能的。但如果你能自我警惕，就能将数据曝光的风险降到最低。这里有一些建议：

- 做海外度假计划和预订酒店时，使用有良好信用的组织提供的网络平台。
- 在确定在线付款系统十分安全后，再进行在线支付。如果你对在线支付系统不是很熟悉，银行会告诉你在使用支付卡之前需要检查什么。
- 检查你准备向其披露个人数据的组织公布的隐私声明。
- 如无必要，不要披露你的个人数据（比如透露给销售点或销售人员）。如果组织需要收集这项数据，不要因为害羞而不去询问他们需要这些数据的目的。换句话说，将你披露的个人数据保持在最少。

- 确保持有你支付卡的销售人员不会在纸质支付凭条上留下多个印记，或者在非电子交易时拍下支付卡的细节。比如，在某些商店或餐厅，收银台距离客户所在区域比较远，销售人员会带着客户的支付卡到柜台后面去处理支付事宜。客户应该确保该销售人员一直在自己的视线之内。

建议

准备去海外度假的人应该采取如下预防措施：

◆做海外度假计划和预订酒店时，只使用信用良好的组织提供的网络平台。

◇只使用安全的在线支付系统。

◆查明该组织所在地是否有数据保护法并得以执行，检查组织的隐私声明，然后再披露个人数据。

◇不要披露非必需的个人数据。

◆在支付费用时，确保持有你的支付卡的工作人员不会拍摄卡片的细节。

向第三方披露个人数据的组织，你获得授权了吗？

如今，世界上几乎所有的数据保护法都要求组织在收集、使用或披露个人数据前获得当事人的同意。但是大多数地区没有规定同意条款应该如何写，只有一些指导原则和方针。因为不同的行业（甚至相同行业中不同的组织）之间存在着很大的差异，几乎不可能设定标准的同意条款。所以起草同意条款的任务就留给了各个组织自己完成。

那么，大部分组织在寻求个人的同意时，做得正确吗？我有过几次可怕的遭遇：同意条款中的措辞语焉不详，尤其是涉及个人数据向组织外的第三方披露的时候。

俱乐部成员个人信息的更新

我是一家乡村俱乐部的成员。这个俱乐部给所有成员发送了一个表格，请成员更新自己的个人信息。我填写了我的姓名、家庭地址、电话号码、邮件地址、身份证号码、银行账户（为了缴纳月度会员费）。这一切都很正常，直到我看到了表格最下方的一行小字：

> 我在此授权××俱乐部或其代表从其可获取的所有资源处获得所有信息。

“代表”这个词太宽泛了，可以是指以俱乐部名义行动的中介、俱乐部另外一个实体或者俱乐部会员系统的外包供应商。这相当于我给出了一个全权授权，允许俱乐部从所有来源获取有关我的所有信息。

我向俱乐部发去邮件，请他们澄清“代表”到底指的是谁，他们想收集关于我的什么额外信息。俱乐部指点我去看他们的数据保护政策，但那实在含糊不清。即使是俱乐部的法务专员也解释不清楚，因为该俱乐部最近才开始实行数据保护政策。这给我的感觉是，俱乐部没有认真思考会员的同意条款对运营的影响。更糟糕的是，他们可能只是复制了另外一家组织的同意条款而没有加以调整，因此无法适应这家俱乐部特殊的运营情况。

消费者个人信息的使用

我给家里买了一个新的家用电器，产品有一年的保修期。在我向厂家提供产品序列号、型号以及我的个人信息后，这个保修服务才能被激活。填写这些信息不是什么问题，因为在我之前购买电器的时候，已经无数次这么做过了。引起我警觉的是保修单上用小号字体印出的同意条款，还有一个让我选择“是”或“否”的选项：

> 我不同意 ×× 厂商根据本保修条约以为该产品提供维修或服务的目的，由厂家和其他服务中心收集、使用和披露我的个人数据。

首先，这段话是用否定语式写成的，所以如果不小心选择了“是”这个框，结果就是我将不允许供应商出于前述目的而收集、使用和披露我的个人数据，保修服务就无法激活。如果选择“否”呢，我也觉得不舒服，因为这段话太笼统，含义也很不明确。我可以同意厂商出于保修的目的而收集并使用我的个人数据，但在知道服务中心和厂商的关系之前，我不会允许厂家将我的个人信息披露给任何服务中心。

组织本应如何做

如前面两个例子所示，组织起草同意条款时不应只是为了满足数据保护法的合规性，还应认真思考同意条款在运营层面对其客户或会员的影响。组织应该使用明确的语言，避免空洞笼统的术语（比如“任何”）。有些客户或会员可能同意选择性地披露他们的个人数据，但不同意全部条款。如果是这种情况，组织应该考虑将同意条款进行分割，允许他们的客户或会员加以选择。

在寻求客户或会员同意披露其个人数据给第三方时，组织不能使用类似“代表”或“合作人”这样空洞的术语，而应明确地表明组织和这些第三方的关系。这些第三方可以是同一个集团中的实体、合资公司或合伙公司，或者是外部供应商或服务商。大部分数据保护法将集团内部两个实体之间的数据分享视作向外界披露，尤其是这些实体有各自独立的法人时。

个人应该怎么做

个人应该了解当地数据保护法授予他们的权利，所以一旦同意条款不清楚或不够明确时，他们可以向组织提出咨询。如果有疑问，他们就不应该轻易地签署同意条款，尤其是在他们的个人数据会被披露给第三方，且第三方和组织的关系并不明确的时候。

建议

将收集的个人数据披露给第三方时，组织应该：

◆做到数据保护法规定下的操作合规，而不仅仅是法律合规。

◇在条款中使用笼统的术语，如“任何”“代表”“伙伴”等。

◆明确组织与第三方之间的关系。

◇考虑将同意条款分割成几部分，允许个人做出选择。

而个人应该：

◆清楚自己在数据保护法下的权利，可以就同意条款的内容向组织提出咨询。

◇在有疑问时，可以拒绝提供个人数据。

后　记

好了，你已经都看完了那些可能造成数据泄露的潜在风险。

我们希望这本书能成为你的实操指南。我们在这本书里揭示了在数据保护和隐私领域，组织和个人容易忽视的地方。有些问题在实践中很容易被我们忽视，特别是在我们很忙碌的时候。其他一些问题则不那么明显，比如很多人不知道多功能设备，如办公室里的打印机中有一个硬盘，在机器被弃置时要处理好硬盘里的数据。有些解决方法可以很轻易地植入日常流程中，比如将前台的电脑屏幕和闭路电视监视器转个角度，不让路过的人看到。还有一些解决方法需要训练，让所有员工有意识地扮演自己的角色，比如员工需要知道如何安全地传输机密文件，以及定期清理邮箱，删除自己不再需要的个人数据。

前事不忘，后事之师。我们真切地希望你可以认识到操作合规的重要性，以及为做到操作合规需要做些什么。